utb 5650

Eine Arbeitsgemeinschaft der Verlage

Brill | Schöningh – Fink · Paderborn
Brill | Vandenhoeck & Ruprecht · Göttingen – Böhlau Verlag · Wien · Köln
Verlag Barbara Budrich · Opladen · Toronto
facultas · Wien
Haupt Verlag · Bern
Verlag Julius Klinkhardt · Bad Heilbrunn
Mohr Siebeck · Tübingen
Narr Francke Attempto Verlag – expert verlag · Tübingen
Ernst Reinhardt Verlag · München
transcript Verlag · Bielefeld
Verlag Eugen Ulmer · Stuttgart
UVK Verlag · München
Waxmann · Münster · New York
wbv Publikation · Bielefeld
Wochenschau Verlag · Frankfurt am Main

Thomas Bieger, Samuel Heer, Simon Kuster, Harald Tuckermann

Einführung in die Managementlehre

basierend auf dem St. Galler Management-Modell

Haupt Verlag

Thomas Bieger, Prof. Dr., Ordentlicher Universitätsprofessor für Betriebswirtschaftslehre mit besonderer Berücksichtigung des Tourismus. Dekan der betriebswirtschaftlichen Abteilung der Universität St. Gallen (2003–2005). Rektor der Universität St. Gallen (2011–2020).

Samuel Heer, Dr., Lehrbeauftragter für Betriebswirtschaft und Handlungskompetenz an der Universität St. Gallen, Koordinator der BWL im Assessmentjahr.

Simon Kuster, M.A. HSG, Diplomierter Wirtschaftspädagoge, Doktorand am Institut für Systemisches Management und Public Governance, Universität St. Gallen.

Harald Tuckermann, Prof. Dr., Titularprofessor für Management, Vize-Direktor des Instituts für Systemisches Management und Public Governance, Universität St. Gallen.

Dieses Buch ist deckungsgleich mit der englischen Ausgabe
(An Introduction to Management Studies):
978-3-8252-5656-2 (Print),
978-3-8463-5656-2 (E-Book)

1. Auflage: 2021

utb-Bandnr.: 5650
ISBN: 978-3-8252-5650-0

Bibliografische Information der Deutschen Nationalbibliothek:
https://portal.dnb.de

Einbandgestaltung: Atelier Reichert, Stuttgart
Satz: Die Werkstatt Medien-Produktion GmbH, Göttingen

Printed in Germany
www.haupt.ch

Vorwort

Managen als Aufgabe und Tätigkeit, *Management* als Institution und *Managerinnen und Manager* als Akteure üben eine Faszination aus. Positiv wird Management verbunden mit Gestaltung, Verantwortung, Wettbewerb und Erfolg. Negativ konnotiert sind Begriffe und Themen wie Missmanagement, überhöhte Managementgehälter oder fehlende Übernahme von Management-Verantwortung.

Heute zeichnen sich im Management insbesondere folgende Entwicklungen ab:

- Nicht nur in privatwirtschaftlichen Unternehmen, sondern auch in Organisationen der staatlichen Verwaltung, Vereinen, Kirchen und Nichtregierungsorganisationen hält professionelles Management Einzug. Die Führungsverantwortlichen lassen sich entsprechend weiterbilden oder es werden Managerinnen und Manager von aussen rekrutiert.
- Lange wurde dabei die Debatte geführt, ob Management eine Wissenschaft, eine Profession oder gar eine Kunst ist, zu der man Talent hat oder eben nicht. Management scheint heute mit der erwähnten Entwicklung immer mehr zu einem eigentlichen Beruf zu werden, der sich durch alle Eigenschaften einer professionellen Gemeinschaft wie eigene Sprache, Habitus, Werte und Standards auszeichnet.
- Entsprechend finden heute vermehrt auch Wechsel im Management branchenübergreifend statt. Die Branche scheint dabei als Verankerung an Bedeutung zu verlieren bzw. überlagert zu werden.
- Management wird angesichts der zunehmenden Komplexität der globalen Wirtschaft, der Trends in der gesellschaftlichen und der Anforderungen der natürlichen Umwelt, des technologischen Wandels und der damit verbundenen zunehmenden Regulierung immer anspruchsvoller. Man spricht heute oft von einer «VUCA-Welt», die gekennzeichnet ist durch Volatilität, Unsicherheit, Komplexität und Ambiguität.
- Der Ruf nach einem integrativen Management wird damit lauter. Diese Integration ist erforderlich in Bezug auf verschiedene Spannungsfelder und Dimensionen: Von den Anliegen verschiedener Anspruchsgruppen bis zu den verschiedenen Funktionen

im Unternehmen und den unterschiedlichen Zeithorizonten der organisationalen Entwicklung.

- Mit der Bedeutungszunahme von Management in allen Wirtschafts- und Gesellschaftsbereichen sowie den zunehmend notwendigen Integrationsleistungen muss Management immer mehr Anforderungen der Verantwortung und Nachhaltigkeit wahrnehmen. Entsprechend lautet denn auch die Vision der Universität St. Gallen mit einer der grössten Managementfakultäten im deutschsprachigen Raum: *Als führende Wirtschaftsuniversität setzen wir in Forschung und Lehre weltweit Massstäbe, indem wir integratives Denken, verantwortungsvolles Handeln und unternehmerischen Innovationsgeist in Wirtschaft und Gesellschaft fördern.*

Das vorliegende Buch ist deshalb nicht eine Einführung in die Betriebswirtschaftslehre, die primär auf funktionalen Grundlagen aufbaut, sondern eine Einführung in das Management, das die spezifischen Herausforderungen, Spannungsfelder und Aufgaben eines integrativen Management-Ansatzes thematisiert. Das Buch baut dabei auf die Tradition der St. Galler Management-Modelle, die Studierenden bereits über viele Generationen eine geistige Landkarte für die Einordnung und Bearbeitung von Management-Herausforderungen liefern.

Dieses Buch stellt eine der Pflichtlektüren aller Erstsemestrigen im Assessmentjahr an der Universität St. Gallen dar und ergänzt damit das Lehrbuch *Das Marketingkonzept im St. Galler Management-Modell*, das sich mit der Wertschöpfung als Ziel- und Handlungsobjekt des Managements und mit der Gestaltung der Wertschöpfungskette befasst. Das vorliegende Buch beleuchtet die Management- und Unterstützungsprozesse, die jede Organisation in einer geeigneten Form braucht. Zudem wird Management in die organisationale Umwelt und die gesellschaftlichen Ansprüche eingebettet.

Der vorliegende Text entstand während der COVID-19-Pandemie dank digitalem Teamwork. Ziel war es, die Online-Vorlesungen um einen Grundlagentext für das Selbststudium zu ergänzen. Da es sich um ein einführendes Lehrbuch handelt, sind einzelne Themen aus Gründen der didaktischen Übersicht vereinfacht dargestellt und nur mit den wesentlichsten Literaturbezügen versehen. Das Buch liegt in deutscher und englischer Fassung vor, wobei der englische Text primär eine Übersetzung des deutschen darstellt.

Das Buch ist in sechs Kapitel gegliedert, welche den sechs Vorlesungsmodulen mit je zwei Hauptthemen entsprechen:

1. Integratives Management und Management-Modelle
2. Entscheidungen und Kommunikation
3. Strategie und Entwicklungsmodi
4. Struktur und Kultur
5. Führung und Governance
6. Umwelt und Interaktionsthemen

Jedes Kapitel enthält ein kurzes Fallbeispiel mit Einstiegsfragen. Diese Fallbeispiele weisen alle einen Bezug zur Universität St. Gallen auf, indem sie z. B. von Alumni gegründet oder geleitet werden. Jedes dieser Unternehmen durchläuft Herausforderungen, Höhen und Tiefen. Die Kurzfallstudien bieten keine umfassende Beleuchtung aller Facetten dieser Unternehmen, sondern liefern Illustrationsmaterial für eine Diskussion spezifischer fachlicher Aspekte.

Dank der knappen Form, den praktischen Beispielen und aktuellen Bezügen eignet sich das Buch auch als «Refresher» für Führungspersönlichkeiten oder als Einführung für Quereinsteigerinnen und Quereinsteiger ins Management.

Das Autorenteam dankt den mehr als 20 Dozierenden, die den Unterricht in Betriebswirtschaftslehre im Assessmentjahr der Universität St. Gallen mit ihren Übungsgruppen begleiten und immer wieder wichtige Inputs liefern. Es dankt den Vorreitern, welche die Vorlesungsreihe früher betreut und wesentliche Elemente beigetragen sowie Inspiration geliefert haben, Prof. Dr. Johannes Rüegg-Stürm und Prof. Dr. Kuno Schedler. Ein grosses Dankeschön geht zudem an Margareta Brugger und Greta Gillet für die Bearbeitung des Manuskripts, an Barbara Bieger und Jay Binneweg für das aufmerksame Lektorat, sowie an Mark Kyburz für die sorgfältige Editierung der englischen Fassung.

Bieger, Heer, Kuster, Tuckermann
St. Gallen, Juli 2021

Inhaltsverzeichnis

1 Integratives Management und Management-Modelle

1.1 Fallstudie: On

On wird 2010 gegründet, um das Laufgefühl zu revolutionieren. Am Anfang steht eine radikale Idee: Weiche Landungen gefolgt von explosiven Abstössen. Die drei Gründer verbindet die Liebe zum Laufsport. Der ehemalige Profisportler und dreifache Duathlon-Weltmeister sowie mehrfache Ironman-Gewinner Olivier Bernhard trifft mit dem Traum von Laufschuhen für das perfekte Laufgefühl auf den Schweizer ETH-Ingenieur David Allemann und den HSG-Absolventen Caspar Coppetti. Die drei sind getrieben von der Mission «ein von Schweizer Ingenieurskunst geprägtes Produktsortiment zu entwickeln» (vgl. on-running.com). Die Laufschuhe basieren auf einer eigenentwickelten, patentierten Technologie, der sogenannten «Cloud-Technology».

Das Gründungsteam, das sich durch einen starken Zusammenhalt auszeichnet, positioniert sich mit einem innovativen Produkt in einem globalen Wachstumsmarkt, dem Markt für Laufschuhe. Dieser wird auf ein Marktvolumen von USD 20 Mia. pro Jahr eingeschätzt (Müller, 2015). Dabei verfolgt die Unternehmung eine Wachstumsstrategie durch Marktdurchdringung in europäischen Ländern und Marktentwicklung mit der laufenden Erschliessung von neuen Ländern, zuerst mit einer Niederlassung in Portland, Oregon (USA). Weitere Zielgebiete sind Australien, Lateinamerika und asiatische Länder. Zur Sortimentserweiterung wird 2016 mit einer ersten Kleidungskollektion gestartet. Ziel ist – wie bei den Schuhen – Kleider anzubieten, die sich nicht nach saisonalen Modetrends richten. Grundsätzlich soll der Fokus auf Schuhe jedoch bewahrt werden (Iseli, 2017).

Das Unternehmen hat seinen Hauptsitz in Zürich-West. Die indirekte Distribution läuft über eigene Tochtergesellschaften, welche den Fachhandel betreuen. Die Endkunden werden über die unabhängigen Fachgeschäfte in den jeweiligen Ländern bedient. Die Preisgestaltung orientiert sich am Ziel einer Premium-Positionierung und richtet sich im Rahmen derselben nach den Zielmärkten. So sind die Schuhe in den USA etwas günstiger als in der Schweiz.

Die Geschäftsprozesse des Unternehmens sind stark auf Outsourcing und langfristige Kooperationen ausgerichtet. Design und Entwicklung finden weitgehend im Hauptsitz in Zürich statt. Die Produktion der Schuhe erfolgt durch ausgewählte Partnerunternehmen in Vietnam. Die Logistik wird von

Leistungspartnern erbracht und ist daher sehr skalierbar. Wichtig ist die kontinuierliche Leistungsinnovation. So wurden seit dem Urmodell «On Cloud» viele neue Produkte entwickelt, z. B. mit dem «Cloudflash» der «schnellste On aller Zeiten». Ausserdem wurden, um auch neue Trends aufzunehmen, spezialisierte Schuhe für Trail-Running entwickelt. Das Unternehmen profitiert zudem davon, dass Sneakers zu Schuhen des täglichen Bedarfs werden.

Das ganze Unternehmen wird durch eine sportliche, kreative Kultur geprägt. So gibt es keine fixen Büros und Kontakte werden oft im Rahmen von sportlichen Events gepflegt. Wichtig sind die Mitarbeitenden-Versammlungen, bei denen die Gründer selbst auftreten (Ruschmann, 2018). Das Unternehmen pflegt seine Anspruchsgruppen stark über persönlichen Austausch. Mitarbeitende müssen zur Unternehmenskultur passen und werden auch über die erwähnten Mitarbeitenden-Versammlungen auf die gemeinsame Vision eingeschworen. Zu den Abnehmerinnen und Abnehmern, den Fachhändlern auf der ganzen Welt, pflegen die Mitarbeitenden und auch die Gründer einen persönlichen Kontakt. Ein Beispiel dafür ist die Organisation gemeinsamer Läufe wie des in London veranstalteten «Run to Switzerland», bei dem Londonerinnen und Londoner eingeladen wurden, gemeinsam in die Schweizer Botschaft zu joggen. Eine weitere wichtige Anspruchsgruppe sind die Produzenten in Vietnam, die sorgfältig ausgewählt werden und an die hohe Qualitätsansprüche gestellt werden. Die Unternehmung hat heute einen Kreis prominenter Aktionäre und Aktionärinnen (Ruschmann, 2018), wozu auch Roger Federer gehört.

On kann anhand zentraler Elemente des St. Galler Management-Modells (SGMM) folgendermassen beschrieben werden (siehe Abbildung 1-1 für eine Übersicht über die Aufgabenperspektive des SGMM):

- Umweltsphären: V. a. die technologische, wirtschaftliche und gesellschaftliche Umwelt sind relevant, z. B. mit Blick auf die Entwicklung von Kaufkraft in den Zielländern und den Trend zum Laufsport.

- Anspruchsgruppen: Im Vordergrund stehen vor allem Mitarbeitende sowie Endkunden, also Läuferinnen und Läufer, und direkte Kunden, also die Fachhändler. Ausserdem sind auch die Leistungspartner für Produktion und Logistik und die Finanzgeber (Aktionäre und Aktionärinnen) wichtige Anspruchsgruppen.

- Interaktionsthemen: Hier geht es um die Wechselbeziehungen zwischen dem Unternehmen und anderen Akteuren wie den Produktionspartnern in Vietnam. Wichtige Themen sind die laufenden Innovationen sowie die ökologisch und sozial verträgliche Produktion.

- Prozesse: Disruption und Differenzierung geschieht in allen Bereichen der Value Chain – von Produkt über Produktion zu Marketing, Vertrieb und Organisationsform. Entsprechend verläuft auch die Strukturierung des Wertschöpfungsprozesses mit Produktentwicklung im Unternehmen unter Einbezug von Produktionspartnern, Outsourcing von Produktion und Logistik, Distribution im Sinne von Generalimport und Marktentwicklung durch eigene Tochtergesellschaften sowie Detailhandel über bestehende Fachhändlernetze.

- Ordnungsmomente: Die organisationale Wertschöpfung wird durch verschiedene «Kräfte» wie Governance, Strategie, Struktur und Kultur geordnet. In einem Start-up ist die Corporate Governance typischerweise noch nicht so ausgeprägt. Im Fall von On besteht sie hauptsächlich aus einem starken Gründerteam mit einem klaren «Purpose». Die Strategie von On fokussiert auf innovative Laufschuhe und allenfalls direkt damit verbundene Produkte wie Kleider. Wachstum geschieht über Marktpenetration und Marktentwicklung sowie Sortimentserweiterung. Die Struktur basiert auf einer flachen und schlanken Organisation mit Aufbauorganisation entsprechend der Wertkette. Die Unternehmung ist geprägt von einer innovativen und sportlichen Kultur.

- Entwicklungsmodi: Laufende Optimierung und Weiterentwicklung basierend u. a. auf einer konsequenten Internationalisierung (bedingt durch den kleinen Heimmarkt Schweiz) sowie Skalierbarkeit von Systemen und Prozessen.

Die Fallstudie ist ohne Beteiligung von On auf der Basis von allgemein zugänglichen Quellen entstanden und dient zur Illustration von Zusammenhängen im St. Galler Management-Modell.

Eckwerte:

- On wird 2010 in Zürich gegründet.
- Die Unternehmung hat heute rund 1000 Mitarbeitende aus 50 Ländern, etwa 40 % davon in Zürich (in der ausgelagerten Produktion und Logistik kommen nochmals ca. 5000 Personen dazu).
- Die Organisation hat eine sehr internationale Ausrichtung: Nur 5 % des Absatzes erfolgt in der Schweiz; die grössten Märkte sind die USA, Deutschland, Japan, Grossbritannien, Schweiz, Österreich und China.
- On ist eine der am schnellsten wachsende Sportmarken der Welt; im Schnitt betrug das Umsatzwachstum seit 2010 rund 85 % pro Jahr.

Diskussionsfragen:

A. Welches sind die wichtigsten Aufgaben des Managements von On in der beschriebenen Phase des Wachstums?

B. Stellen Sie in einem System die Abhängigkeiten von und Wirkungen auf Umweltsphären und Anspruchsgruppen von On dar.

1.2 Das St. Galler Management-Modell als Basis eines integrativen Management-Verständnisses

Die Managementlehre ist eine handlungsorientierte Wissenschaft, die sich mit der Führung und Gestaltung von zweckorientierten soziotechnischen Systemen befasst. Wegen ihres starken Praxisbezugs weist die Managementlehre Berührungspunkte mit verschiedensten Disziplinen wie Ökonomie, Rechtswissenschaft, Soziologie, Psychologie, Ethik, Informatik und Ingenieurwissenschaften auf. Im Begriff «Management» stecken die lateinischen Wörter «manus» (Hand) und «agere» (führen). Bei «Management» geht es letztlich um zielgerichtetes Führungshandeln. Gleichzeitig steht «das Management» aber auch für eine Gemeinschaft von Führungspersonen einer Organisation.

Organisationen sind eingebettet in eine vielgestaltige Umwelt und konfrontiert mit Ansprüchen unterschiedlichster Stakeholder. Innerhalb von Organisationen findet eine arbeitsteilige und funktional ausdifferenzierte Wertschöpfung statt. Aufgabe des Managements ist es, die organisationale Wertschöpfung angesichts einer sich laufend verändernden Umwelt in der kurzen und langen Frist optimal zu konfigurieren und dabei auch die eigene Management-Tätigkeit stets kritisch zu hinterfragen. Damit dies gelingt, ist ein integrativer Ansatz nötig (s. Kap. 1.4).

Das Management-Verständnis an der Universität St. Gallen (HSG) ist seit Jahrzehnten von einer integrativen Sicht geprägt. Das St. Galler Management-Modell (SGMM) dient bereits über viele Generationen als geistige Landkarte für die akademische und praktische Auseinandersetzung mit Management in und von Organisationen (s. Kap. 1.3). Trotz der kontinuierlichen Evolution des SGMM können drei beständige Hauptelemente identifiziert werden: Umwelt, Organisation, Management. In der aktuellen Version des SGMM (Rüegg-Stürm & Grand, 2020) werden diese Elemente (u. a.) anhand folgender Schlüsselkategorien gegliedert und ausdetailliert:

Aufgabenperspektive:
- *Umwelt*: Umweltsphären, Stakeholder, Interaktionsthemen
- *Organisation*: Prozesse, Ordnungsmomente, Entwicklungsmodi

Praxisperspektive:
- *Management*: Wertschöpfung, Orientierungsrahmen, Management-Praxis

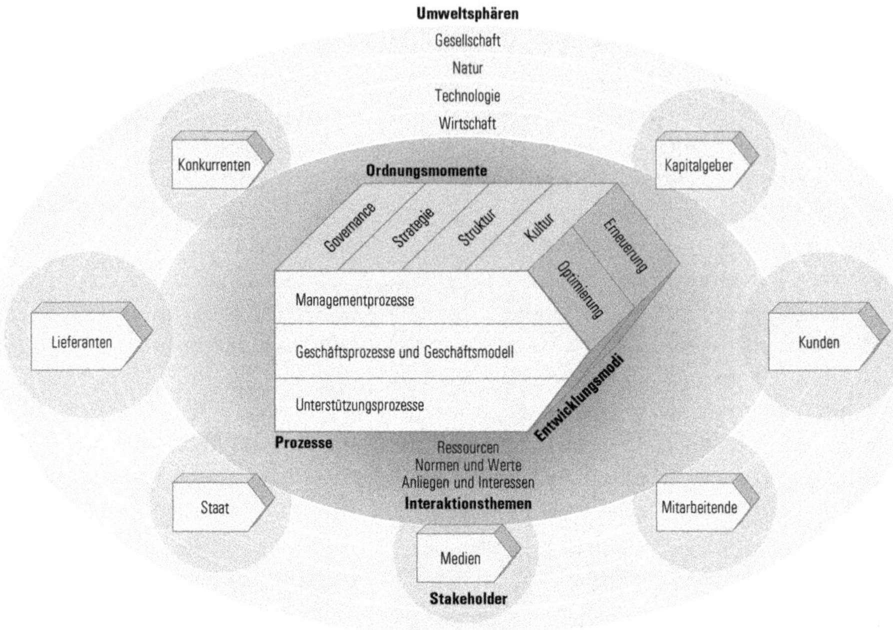

Abbildung 1-1: Aktuelles St. Galler Management-Modell, Aufgabenperspektive
Quelle: Rüegg-Stürm und Grand (2020)

Das einleitende Fallbeispiel (s. Kap. 1.1) beleuchtet die Schlüsselkategorien der Aufgabenperspektive (Abbildung 1-1) exemplarisch. Nachfolgend werden diese Bestandteile von Umwelt und Organisation kurz vorgestellt, sodass sie für die weitere Auseinandersetzung mit Management als Repertoire zur Verfügung stehen. In den anschliessenden Kapiteln wird die Aufgabenperspektive auch um ausgewählte Konzepte und Vokabular der Praxisperspektive (Abbildung 6-1) ergänzt (für eine umfassende Betrachtung des aktuellen SGMM: Rüegg-Stürm & Grand, 2020).

Umweltsphären:
Die aktuelle Version des SGMM betont, dass Organisationen in eine Umwelt (s. Kap. 6.3.1) eingebettet sind, die sie selbst definieren. Beispielhaft können mit Gesellschaft, Natur, Technologie und Wirtschaft vier sogenannte Umweltsphären angeführt werden (Abbildung 1-1). Alle diese Sphären unterscheiden sich und Unternehmen nehmen auf diese in ihrer individuellen Weise Bezug. Das heisst auch, dass Unternehmen

durch diese Umweltsphären beeinflusst werden und sie umgekehrt selbst beeinflussen. So führt eine Innovation in der Umweltsphäre Technologie (z. B. die Entwicklung eines neuen Produktionsverfahrens) für das Unternehmen zum Zwang, seine eigene Produktion umzustellen, um wettbewerbsfähig zu bleiben. Wenn dadurch z. B. Arbeitsplätze reduziert werden und andere Ausbildungsprofile von Mitarbeitenden erforderlich sind, dann hat dies wiederum eine Rückwirkung auf die gesellschaftliche Umwelt des Unternehmens. Organisationen brauchen ihre Umwelt, um daraus Ressourcen für die Leistungen zu erschliessen, die diese Organisationen erbringen. Aus dem erschlossenen Zugang zur Umwelt können sich auch nachhaltige Wettbewerbsvorteile entwickeln. Insofern bietet die Umwelt mit den verschiedenen Umweltsphären Möglichkeitsräume für das Unternehmen, aus denen sich Chancen und Gefahren ergeben. So erleichtert z. B. die Nähe zu einer Forschungseinrichtung die Innovationstätigkeit und Rekrutierung von Mitarbeitenden.

Stakeholder:
Der Schlüssel zur Beziehung mit der Umwelt oder den jeweiligen Umweltsphären sind die Anspruchsgruppen (s. Kap. 6.3.2). Stakeholder oder Anspruchsgruppen sind Akteure (z. B. Individuen oder Organisationen), die in der Umwelt tätig sind und über die Beziehung mit der Organisation einen eigenen Anspruch an diese stellen. Die Mitwirkung von Anspruchsgruppen (z. B. Mitarbeitende, Kunden, Kapitalgeber, Lieferanten oder auch der Staat) ist für das Überleben des Unternehmens erforderlich. Wichtigste Aufgabe des Managements ist es, den Zusammenhalt der Anspruchsgruppen zu sichern (vgl. Bleicher, 1991) und dabei auch Zielkonflikte zwischen den Anspruchsgruppen zu moderieren. Wenn z. B. in einer Krisensituation wie einer Pandemie das Unternehmen wirtschaftlich unter Druck gerät, muss das Management entscheiden, wie weit es den Ansprüchen der Mitarbeitenden auf Erhalt der Arbeitsplätze entgegenkommen kann, ohne dabei andere Ansprüche (z. B. von Lieferanten, die an der Zahlungsfähigkeit interessiert sind) allzu stark zu gefährden. Weil die Anspruchsgruppen in ihre jeweilige Umweltsphäre eingebettet sind, repräsentieren sie diese. Umweltverbände stehen für die natürliche Umwelt; Kapitalgeber, Lieferanten und Kunden für die wirtschaftliche Umwelt; der Staat und die Medien für die gesellschaftliche Umwelt. Für eine Organisation dienen entsprechende Beziehungen dazu, über die Anspruchsgruppen die notwendigen Ressourcen zu erschliessen. Dank Medienarbeit kann die eigene Reputation gestärkt werden, dank Beziehungen zu Investoren wird finanzielles Kapital erschlossen. Gute Kundenbeziehungen sind wesentlich für den

Verkauf der Produkte und Dienstleistungen und stabile Kontakte zu Zulieferern sind zentral für die zuverlässige Bereitstellung von Komponenten dieser Produkte und Dienstleistungen.

Interaktionsthemen:
Interaktionsthemen (s. Kap. 6.3) sind die Themen, die eine Organisation mit ihren Anspruchsgruppen verhandelt, und betreffen deren Wechselbeziehung zu den jeweiligen Umweltsphären. So geht es um natürliche Ressourcen, wenn ein Unternehmen ein Ausbauprojekt verfolgt und dafür mehr Land braucht. Es geht um Normen oder Werte, wenn mit Mitarbeitenden über Führungsprinzipien und die zukünftige strategische Ausrichtung verhandelt wird. Um die Anliegen und Interessen des Staates im Verhältnis zu Kapitalgebern geht es bei Themen wie einer Aktienrechtsrevision, bei der die Stimmrechte einzelner Aktionärskategorien neu geregelt werden.

Prozesse:
Prozesse können als eine Abfolge von Aktivitäten definiert werden (s. Kap. 1.5.2). Im Zentrum einer Unternehmung stehen als primäre Prozesse die Geschäftsprozesse (s. auch Bieger, 2019). Die Geschäftsprozesse beinhalten Leistungserstellungsprozesse (die eigentliche Produktion des Unternehmens), Leistungsinnovationsprozesse und Kundenprozesse, bestehend aus Kundenakquise-, Kundenbindungs- und Reputationsprozessen. Die Managementprozesse beinhalten die Prozesse, die zur Steuerung des «Systems» Unternehmen und seiner Beziehungen zur Umwelt dienen. Diese erfordern Kompetenzen und Techniken der Kommunikation und Entscheidungsfindung (s. Kap. 2.2). Unterstützungsprozesse sind Funktionen, die indirekt Geschäftsprozesse unterstützen (z. B. Prozesse des Finanzmanagements und des Personalwesens).

Entwicklungsmodi:
Weil sich die Umwelt selbst fortlaufend weiterentwickelt, sind auch die Organisationen permanent gefordert. Bei den Entwicklungsmodi (s. Kap. 3.7) wird grob zwischen zwei Typen organisationaler Veränderung unterschieden: Beim Modus der Optimierung wird der laufende Betrieb kontinuierlich verbessert, beim Modus der Erneuerung wird der Status Quo grundsätzlich in Frage gestellt. Optimierung bedeutet Verbesserung im Rahmen bestehender Strukturen, während Erneuerung auch die Veränderung dieser Strukturen beinhaltet. Eine Produktionslinie in der Automobilindustrie kann z. B. in Bezug auf Durchlaufzeiten schrittweise durch die feinere Abstimmung der einzelnen Fertigungsschritte (Schlei-

fen, Kleben, Lackieren, usw.) verbessert werden. Sie kann aber nur mit einem erheblichen finanziellen und zeitlichen Aufwand grundsätzlich und tiefgreifend verändert werden, z. B. auf eine neue Antriebstechnologie wie Elektroantrieb angepasst und umgestellt werden. Häufig geschehen Wechsel zwischen diesen beiden Modi. Wenn ein Wertschöpfungssystem neu konfiguriert wurde (Erneuerung), braucht es nachfolgend eine Phase der Optimierung und dafür strukturelle Stabilität. Im Management laufen die beiden Modi oft parallel. Es gilt, Entscheide zur Optimierung und gleichzeitig zur Infragestellung des Bestehenden zu treffen.

Ordnungsmomente:
Die Ordnungsmomente sichern die notwendige Grundordnung in Form einer Governance, einer durch die Strategie vorgegebenen Entwicklungsrichtung, einer auf die Umsetzung der Strategie ausgerichteten Organisationsform und eines durch die Kultur definierten Normen- und Wertsystems.

– Die *Governance* (s. Kap. 5.6) stellt die Voraussetzungen für Management- und Strategiefähigkeit durch eine geeignete Zwecksetzung der Unternehmung, durch Managementressourcen, eine Kompetenzordnung und Prozesse sicher. Die Governance regelt Rollen, Rechte und Pflichten des Managements und legt die normative Ausrichtung, also Vision und Mission einer Organisation, fest (Rüegg-Stürm & Grand, 2020).
– Eine *Strategie* (s. Kap. 3.2) kann nur erstellt werden, wenn klar ist, was der langfristige Zweck einer Organisation ist. Bei einer Sportinfrastrukturstätte sollte z. B. klar sein, ob sie ein Gesundheits- oder ein Freizeitunternehmen ist. Das definiert die Suchfelder für die Strategie (z. B. für neue Produkte). Ziel der Strategie ist die Sicherung der Wettbewerbsfähigkeit. Dazu werden strategische Erfolgspositionen innerhalb des Unternehmens («inside-out», z. B. Kernkompetenzen) oder ausserhalb («outside-in», z. B. Marktpositionierungen) erschlossen.
– Die *Struktur* (s. Kap. 4.2) einer Organisation hat sich nach den strategischen Erfolgspositionen auszurichten, entsprechend denen die Prozesse zu definieren und mit dem Ziel der optimalen Unterstützung der Strategie zu gestalten sind (vgl. Osterloh & Frost, 1996). Definiert ein Unternehmen etwa als zentrale strategische Erfolgsposition die Fähigkeit, Serviceprozesse möglichst optimal an Kundenbedürfnisse anzupassen, dann stehen kundenorientierte Dienstleistungsprozesse im Vordergrund und die Organisation hat sich als primäres Ordnungskriterium nach

Kundengruppen auszurichten, möglicherweise indem die Hauptabteilungen nach Kundengruppen definiert werden.

- Zwischen Struktur und *Kultur* (s. Kap. 4.6) gibt es eine Wechselbeziehung. So führt eine stark hierarchische Organisation zu einer Kontrollkultur, die ihrerseits wieder auf die Funktion der Organisation zurückspielt. Die Kultur muss wiederum konsistent oder mindestens kompatibel sein mit dem Unternehmenszweck.

Aus diesen Überlegungen und der Logik des SGMM folgend, lässt sich eine Liste (Abbildung 1-2) von Grundaufgaben des Managements ableiten, die in jeder Organisation zu erfüllen sind.

Organisation des Wertschöpfungssystems (mit Primär- und Sekundärprozessen)

Laufende Hinterfragung, Reflexion und Weiterentwicklung einer Organisation

Verantwortungsvolle, nachhaltige Gestaltung der Beziehungen zu den Umwelten

Sicherung des Zusammenhalts der Anspruchsgruppen

Abbildung 1-2: Grundaufgaben des Managements
Quelle: angelehnt an Rüegg-Stürm und Grand (2020)

1.3 Entwicklung der St. Galler Management-Modelle

Die vorgestellte aktuelle Version des SGMM steht in einer etwa 50-jährigen Tradition, welche Management über mehrere Generationen systematisch weiterentwickelt hat. Ausgangspunkt ist der Anspruch, ein «Leerstellengerüst für Sinnvolles» (Ulrich & Krieg, 1972) zu schaffen. Als solches «Gerüst» bietet das SGMM eine Struktur, um Problemstellungen einordnen zu können und damit z. B. eine Diskussion zu erleichtern. Wie jedes Modell ist es ein vereinfachtes Abbild der Realität, das für den entsprechenden Zweck geeignet konkretisiert werden muss.

1.3.1 SGMM der ersten Generation

Schon beim ersten SGMM steht anfangs der 1970er-Jahre die Leitidee im Vordergrund, «nicht ein rezepthaftes Vermitteln von Wissen, sondern ein offenes Angehen von Problemen» zu ermöglichen (Ulrich & Krieg, 1972, S. 9). Das Modell basiert auf einer Betriebswirtschaftslehre, bei der Unternehmen als Systeme modelliert werden. Dabei wird das Systemdenken beschrieben als ganzheitliches, prozessorientiertes, interdisziplinäres, analytisches, synthetisches und pragmatisches Denken (Ulrich & Krieg, 1972). Damit wird dem integrativen Denken Rechnung getragen, wobei ein funktions- und disziplin-übergreifendes Herangehen an Fragestellungen der Praxis erleichtert werden soll.

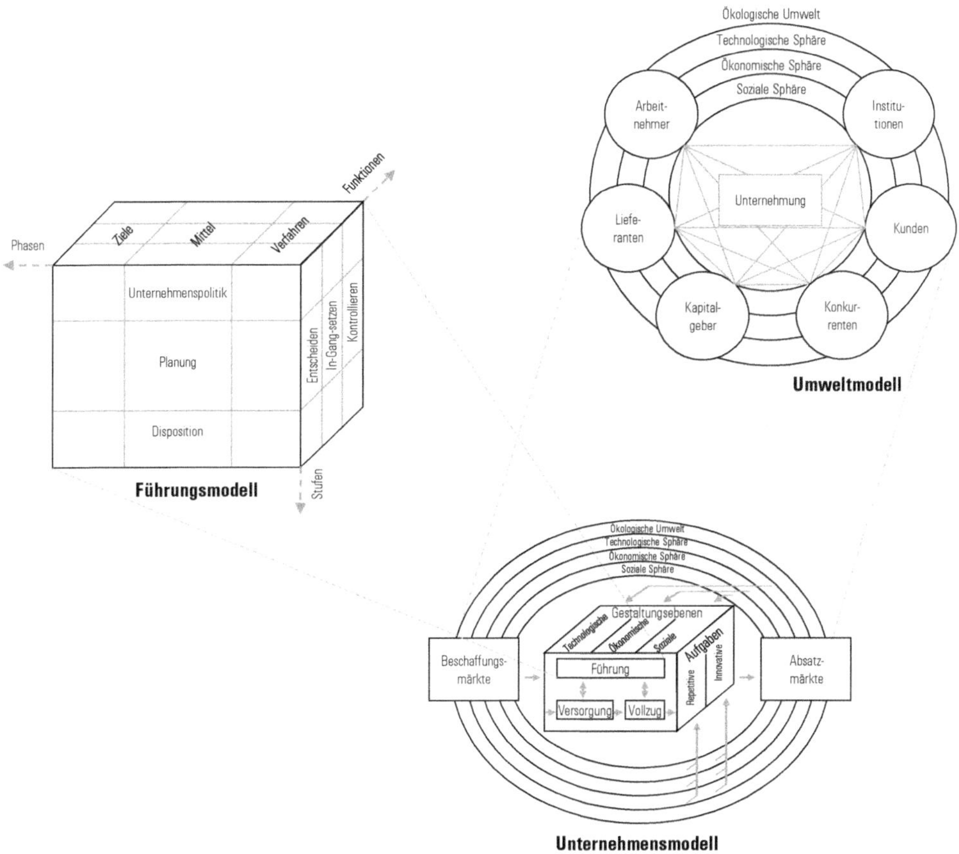

Abbildung 1-3: SGMM der ersten Generation: Führungsmodell, Umweltmodell, Unternehmensmodell

Quelle: Ulrich und Krieg (1972, S. 20, 27, 31)

Das Modell besteht aus drei Teilen: Dem Unternehmensmodell, dem Umweltmodell und dem Führungsmodell (Abbildung 1-3). Ziel ist es, die Führung zu unterstützen, indem die Unternehmung als produktives sowie technisches System dargestellt und ein Instrument zur Analyse bereitgestellt wird.

Im *Unternehmensmodell* werden folgende fünf Elemente genauer analysiert (Ulrich & Krieg, 1972):

- Die Umwelt der Unternehmung (Anspruchsgruppen, Umweltsphären)
- Die Märkte und Marktleistungen (Beschaffungs- und Absatzmärkte, Ressourcen und Marktleistung)
- Die Funktionsbereiche (Vollzugsbereich, Versorgungsbereich, Führungsbereich)
- Die Gestaltungsebenen (technologische, ökonomische und soziale Gestaltungsebene)
- Die Strukturierung der Aufgaben – repetitive und innovative Aufgaben (Bewahrung und Erneuerung)

Das *Umweltmodell* mit den Umweltsphären und Anspruchsgruppen hat in dieser Form bestand bis zum heutigen SGMM.

Im Bereich der Unternehmensführung (*Führungsmodell*) werden drei Gliederungskriterien verwendet (Ulrich & Krieg, 1972):

- Führungsstufen (Unternehmenspolitik, Planung, Disposition)
- Führungsphasen (Ziele, Mittel, Verfahren)
- Führungsfunktionen (Entscheiden, In-Gang-Setzen, Kontrollieren)

Diese Strukturierungsansätze finden sich in ähnlicher Form auch in den nachfolgenden Generationen des SGMM. Dabei wird das Modell immer wieder an aktuelle Erkenntnisse der Betriebswirtschaftslehre und Herausforderungen des Managements angepasst.

1.3.2 SGMM der zweiten Generation

Die zweite Generation des SGMM (Bleicher, 1991) wird unter dem Titel «Das Konzept integriertes Management» präsentiert. Der ganzheitliche Ansatz von Ulrich und Krieg (1972) wird betont und das «integrierte» Management explizit adressiert. Dabei soll das SGMM der zweiten Generation «den Anforderungen eines Paradigmenwechsel hin zu einem Führungsverständnis, das sich mit der gestiegenen Komplexität und der Dynamik bewusst auseinandersetzt», gerecht werden (Bleicher, 1991, S. 147). Anfang der 1990er-Jahre ist die Zeit der neuen Weltordnung mit dem Zusammenbruch des ehemaligen Sowjetsystems und der Planwirtschaft. Wichtige technologische Erneuerungen werden (z. B. im IT-Bereich) absehbar. So werden in der zweiten Generation die damals diskutierten Systemebenen (vgl. Schwaninger, 1988), die *normative*, die *strategische* und die *operative* Dimension eingeführt (Abbildung 1-4).

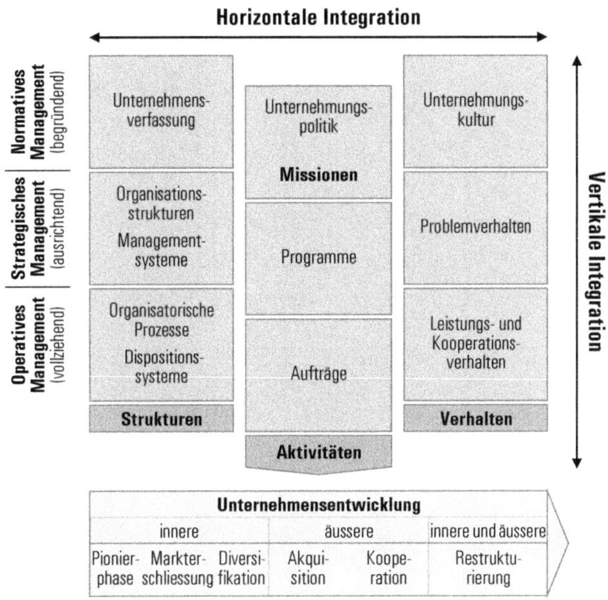

Abbildung 1-4: SGMM der zweiten Generation: normative, strategische und operative Ebene der Unternehmung
Quelle: Bleicher (1991)

1.3.3 SGMM der dritten Generation

Das SGMM der dritten Generation (Rüegg-Stürm, 2003) entsteht im Hinblick auf die anstehende Neukonzeption des Studiums an der Universität St. Gallen als Grundlage für ein Lehrbuch für die einführende Betriebswirtschaftslehre (Dubs, Euler & Rüegg-Stürm, 2004, S. 8). Die zentralen Themen entsprechen im Wesentlichen denjenigen der vorangegangenen und bereits im ersten St. Galler-Management-Modell identifizierten Dimensionen (Abbildung 1-5):

- Die Umweltsphären
- Die Anspruchsgruppen
- Die Interaktionsthemen (Ressourcen, Normen und Werte, Anliegen und Interessen)
- Die Ordnungsmomente (Strategie, Struktur, Kultur)
- Die Entwicklungsmodi (Optimierung, Erneuerung)

Entsprechend den neueren Erkenntnissen der Betriebswirtschaftslehre wird diese ergänzt durch eine prozessorientierte Sicht (vgl. auch Porter, 1985; Osterloh & Frost, 1996) als Ablösung der funktionalen Sicht mit einer Unterscheidung in Geschäftsprozesse, Managementprozesse und Unterstützungsprozesse sowie einer Betonung der Kommunikation für die Bewältigung der Managementaufgaben.

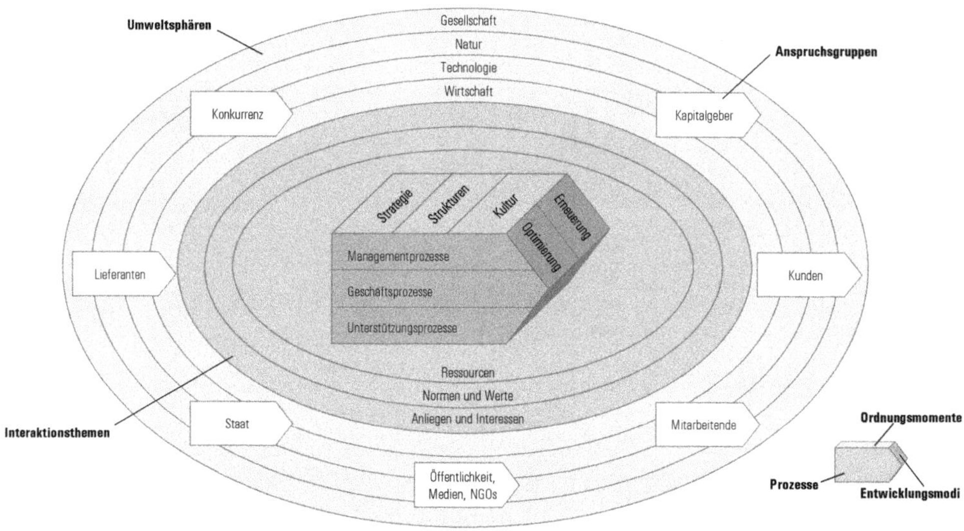

Abbildung 1-5: Kernvisualisierung des SGMM der dritten Generation
Quelle: Rüegg-Stürm (2003, S. 22)

1.3.4 SGMM der vierten Generation

Die vierte Generation des SGMM (Rüegg-Stürm & Grand, 2017) wird verstanden als «erneuter Versuch für die Reflexion, Diskussion und Bearbeitung der Komplexität, mit der sich die Management-Praxis heute konfrontiert sieht, eine Sprache und einen Ordnungsrahmen zu entwickeln» (Rüegg-Stürm & Grand, 2017, S. 7). Management wird dabei definiert als reflexive Gestaltungspraxis zur Unterstützung unternehmerischer Aufgaben und Herausforderungen. Damit ergänzt die vierte Generation die Prozessorientierung der dritten Generation um das Moment der systematischen Reflexion und fortlaufenden Gestaltungsarbeit als Kern von Management. Ein zentraler Grund liegt in der zunehmenden Komplexität, Ungewissheit und Dynamik der heutigen Welt. Dies verlangt von Führungskräften, Entscheidungen unter Bedingungen mit Ungewissheit, Dynamik und Komplexität zu treffen und dabei die möglichen Folgen der eigenen Entscheidungen einzubeziehen.

Die einleitend skizzierte (s. Kap. 1.2) aktuelle, vierte Generation des SGMM (Rüegg-Stürm & Grand, 2017) wird mit einem ergänzenden Arbeitsinstrument operationalisiert (Rüegg-Stürm & Grand, 2020). Dieses umfasst in seiner *Aufgabenperspektive* (Abbildung 1-1) dieselben sechs Schlüsselkategorien wie die dritte Generation (Umweltsphären, Stakeholder, Interaktionsthemen, Prozesse, Ordnungsmomente und Entwicklungsmodi) und enthält in seiner *Praxisperspektive* vier weitere Schlüsselkategorien:

- Wertschöpfung (Ausdifferenzierung, Ressourcenkonfiguration, Wertschöpfungsprozesse, Entscheidungspraxis, Beziehungskultur)
- Orientierungsrahmen (Operative, strategische und normative Orientierung)
- Management-Praxis (Manager-Communities, Gestaltungsplattformen, Gestaltungspraktiken, Reflexionssprache)
- Umwelt (Umweltsphären, Stakeholder und Existenzbedingungen)

Diese jüngste Publikation zum aktuellen SGMM (Rüegg-Stürm & Grand, 2020) versteht sich als Ergänzung zum wissenschaftlichen Grundlagenbuch (Rüegg-Stürm & Grand, 2017) im Sinn eines didaktisch aufbereiteten Arbeitsinstruments und einer Reflexionshilfe für eine vertiefte Auseinandersetzung mit Management.

1.4 Integratives Management

In der St. Galler Tradition ist es zentral, Management integrativ zu verstehen. Integratives Management kann definiert werden als Gestaltung und Führung einer Organisation als zweckorientiertes soziotechnisches System, wobei wesentliche Spannungsfelder und Zielkonflikte bewusst und verantwortungsvoll behandelt werden (Bieger et al., 2021). Zu diesen Spannungsfeldern und Zielkonflikten gehören die unterschiedlichen Perspektiven von einzelnen Unternehmensfunktionen, aber auch unterschiedliche Erwartungen von Anspruchsgruppen oder die Abwägung zwischen kurzfristiger operativer und langfristiger strategischer Sichtweise und insbesondere eine integrierte Wahrnehmung aller Führungsaufgaben (von Analyse über Planung bis Kontrolle). Management-Modelle sollen als vereinfachte Abbilder einer komplexen Realität Verantwortliche bei der Wahrnehmung dieser Aufgaben zu unterstützten.

1.4.1 Ursprünge des integrativen Verständnisses von Management

Wenn ein neues Produkt entwickelt werden soll, braucht es das Zusammenspiel von Marketing (Einbringen der Kundenbedürfnisse), Entwicklung, Produktion, Finanzen und Controlling (Sicherstellung der notwendigen Investitionen) und Compliance (Sicherstellung der Einhaltung von Regeln und Gesetzen). Zur Vorbereitung einer Unternehmensübernahme hingegen braucht es für die Bewertung und «Due Diligence» (sorgfältige Prüfung des Übernahmeobjekts) Fachpersonen aus Finanz und Compliance, für die Ausarbeitung der Verträge Rechtskompetenz und für die begleitende interne und externe Verständigung Kommunikationskompetenz. Diese beiden Beispiele zeigen, dass für die Lösung von Managementaufgaben auf jeder Stufe eine integrative Sichtweise notwendig ist. Dies betrifft nicht nur die einzubeziehenden Kompetenzen und damit verbunden die unternehmerischen Funktionsbereiche, sondern auch die Beurteilung der Wirkungen des eigenen Handelns auf die verschiedenen Umwelten und Anspruchsgruppen. Ausserdem gilt es, kurzfristige und langfristige Folgen zu berücksichtigen, womit bereits drei Dimensionen (Funktionen, Anspruchsgruppen, Zeithorizonte) einer integrativen Denkweise angesprochen sind.

Entsprechend gehen verschiedene Autoren der klassischen Managementforschung, z. B. Mintzberg und Drucker, von einem integrativen Ansatz aus. Drucker beschreibt z. B. in seinem 1946 erschienenen Buch «Concept of the Corporation» das Management (erstmals) als spezifisches Organ, das spezifische Tätigkeiten mit spezifischen Verantwortungen ausführt (Drucker, 1993). Der Aufstieg von Management als Disziplin ist in seiner Sicht die wohl wichtigste Entwicklung des 20. Jahrhunderts: «In this century, society has become a society of organizations. Every major social task in this society is being performed in and through large, managed institutions» (Drucker, 1973, S. 545). Auch andere Wissenschaftler fokussieren sich auf Management als entscheidendes und handelndes Organ respektive Akteur. So beschreibt Mintzberg in seiner beachtenswerten Arbeit, wie Management die Vielfalt der parallelen Aufgaben bewältigt. Auf Grund einer Beobachtungsstudie kommt er zum Schluss, dass Manager Probleme wie Jongleure kurz in den Händen halten, bearbeiten und dann wieder zur Weiterbearbeitung in den Umlauf bringen (Mintzberg, 1991, S. 33).

Auch in der St. Galler Managementforschung hat die Ausrichtung auf die Bedürfnisse und Anforderungen des Managements als handelndes Organ eine lange Tradition. So schreiben Ulrich, Krieg und Malik (1976), dass der Zweck der Betriebswirtschaftslehre darin bestehe, «handelnden Menschen das in bestimmten Problemsituationen benötigte Wissen zur Verfügung zu stellen» (S. 135).

Im Sinne der Zweckdienlichkeit steht in der Management-Forschung für lange Zeit «Relevance» (Lebens- und Zweckdienlichkeit) vor «Rigor» (wissenschaftliche Fundierung), bis die Betriebswirtschaftslehre selbst auch einen stärkeren wissenschaftlichen Ansatz zu suchen beginnt. Ab den 1950er- und 1960er-Jahren werden jene Stimmen lauter, die auch in der Managementlehre die in den anderen Sozialwissenschaften übliche theoretische Fundierung fordern (Gulati, 2007, S. 776; vgl. auch Gordon & Howell, 1959; Pierson, 1959). So orientiert sich die Forschung verstärkt an sozialwissenschaftlichen Grundlagen und Theorien (z. B. aus der Ökonomie oder aus der Soziologie). Ein Beispiel dafür ist die Entwicklung von Strategien basierend auf «Industry Ecomonics» wie den Skalen- und Verbundeffekten. Damit einher geht auch eine Ausdifferenzierung der Managementforschung, wie sie in verschiedenen Disziplinen zu beobachten ist. Verstärkt orientiert sich die Forschung an einzelnen Funktionen und Subdisziplinen. So entwickelt sich z. B. das Marketing zu einem eigenständigen Forschungsgebiet innerhalb der Betriebswirtschaftslehre, wobei innerhalb des Marketings wiederum eigene Gebiete wie Customer Insight oder Brand Management quasi als Subdisziplinen mit eigenen Forschungsgemeinschaften entstehen.

Diese Orientierung an der Wissenschaftlichkeit ermöglicht zwar eine stärkere Mikrofundierung von Erkenntnissen, erschwert aber eine tiefere Problemorientierung (Nickerson & Argyres, 2018). So entwickelt z. B. die Marketingforschung immer differenziertere Erklärungen für Konstrukte und Theorien wie die wahrgenommene Fairness oder den wahrgenommenen Kundenwert. Für wesentliche Fragen der Praxis wie die Gestaltung eines integrierten Marketingmix wird in der Praxis jedoch immer noch auf Konzepte aus den 1980er-Jahren wie das Dominanz-Standard Modell zurückgegriffen (vgl. Kühn, 1985).

1.4.2 Management als professionelle Tätigkeit

Die zunehmende Ausdifferenzierung des Managements als eigenständige Tätigkeit und die Spezialisierung von Managementwissen widerspiegelt sich auch in der Management-Praxis. Management entwickelt sich zu einer eigenständigen Profession, die sich zunehmend an wissenschaftlichen Grundlagen orientiert. Management gilt auch vermehrt als Tätigkeit, die nicht nur für Unternehmen als notwendig angesehen wird, sondern die auch in immer weitere Bereiche von Wirtschaft und Gesellschaft vordringt. Methoden des Managements halten Einzug in Verwaltung, aber auch in Kirchen, Militär und Nichtregierungsorganisationen. In vielen dieser Organisationen galt Management lange Zeit als eine Art «Kunst» (vgl. Lynn, 1996). So wurde z. B. in einem Spital typischerweise der Chefarzt oder die Chefärztin, die aufgrund ihrer Persönlichkeit oder ihrer Lebenserfahrung (z. B. aus dem Militär) als am geeignetsten für Führungsaufgaben angesehen wurde, mit der Leitung dieser Organisation betraut.

Heute ist Management eine eigenständige Profession, die im Sinne von Bourdieu typische Merkmale aufweist wie eine eigenständige Sprache, eigenständige Rituale und professionelle Werte (vgl. Bourdieu, 1972). Führungspersonen werden heute in Managementausbildungsgängen für ihre Aufgaben vorbereitet und wechseln auch zwischen verschiedenen Unternehmen, Branchen, Regionen und Kulturen. So gibt es heute nicht nur Managerinnen, die von Fluggesellschaften zu Pharmaunternehmen wechseln, sondern auch «Professional Deans» (Dekane bzw. Rektoren), die zwischen Universitäten in verschiedenen Ländern und Kulturen wechseln.

Wegen der Spezialisierung der Managementforschung und weil die immer grösseren Managementaufgaben in den Unternehmen eine Arbeitsteilung und damit Spezialisierung des Managements selbst verlangen, besteht auch in der Praxis eine ausgeprägte Funktionenorientierung. Für Funktionen wie Personalmanagement, Marketing, Strategiemanagement oder Finanzmanagement existieren heute eigenständige Forschungsinstitute, Lehrstühle und Ausbildungsgänge in der Grund- und Weiterbildung (Abbildung 1-6).

Fokus	Forschungsgebiete (z.B.)	Relevante HSG-Forschungsinstitute (z.B.)
Finanzielle Führung	Finanzmanagement (Accounting / Auditing)	Institut für Accounting, Controlling und Auditing Institut für Finanzwissenschaft, Finanzrecht und Law and Economics
Technologie / Innovation / Logistik	Technologie- / Innovations- / Supply Chain Management	Institut für Technologiemanagement Institut für Betriebswirtschaft Institut für Supply Chain Management
Unternehmertum	Entrepreneurship / Small and Medium-Sized Enterprises / Family Business	Institut für Technologiemanagement Schweizerisches Institut für Klein- und Mittelunternehmen
Kommunikation	Medien- und Kommunikationsmanagement	Institut für Medien- und Kommunikationsmanagement
Informationstechnologie	Wirtschaftsinformatik	Institut für Wirtschaftsinformatik
Strategie / Risiko	Strategisches Management / Risikomanagement	Institut für Betriebswirtschaft Forschungsstelle für Internationales Management Institut für Versicherungswirtschaft
Leadership / Organisation	Human Resources Management / Leadership / Organizational Behavior	Forschungsinstitut für Arbeit und Arbeitswelten Institut für Führung und Personalmanagement Institut für Systemisches Management und Public Governance Lehrstuhl für Organisationspsychologie
Markt und Kunden	Marketing / Customer Insight	Institut für Marketing und Customer Insight Institut für Mobilität Institut für Systemisches Management und Public Governance Forschungszentrum für Handelsmanagement
Lernen / Ausbilden	Wirtschaftspädagogik	Institut für Wirtschaftspädagogik Institut für Bildungsmanagement und Bildungstechnologien
Nachhaltigkeit	Nachhaltigkeitsmanagement	Institut für Wirtschaft und Ökologie

Abbildung 1-6: Lehrstühle an der School of Management der Universität St. Gallen (2020)

Diese Differenzierung zeigt sich auch in der Entwicklung der Universitätsstudiengänge. Noch in den 1970er-Jahren werden an vielen Universitäten Studiengänge in Wirtschaftswissenschaften angeboten, die Betriebswirtschaftslehre (BWL) und Volkswirtschaftslehre (VWL) integrieren. Später differenzieren sich Studiengänge auf die Fachgebiete VWL oder BWL aus. Mit der Einführung des Bologna-Systems anfangs der 2000er-Jahre werden vor allem auf Masterstufe funktional spezialisierte Studiengänge angeboten (z. B. in Strategie, Marketing oder Accounting und Controlling). In der Weiterbildung folgen spezifische Lehrgänge und Zertifikate wie CFA (Chartered Financial Analyst) oder auch CMA (Certified Marketing Analyst). Diese erlauben eine weitere professionelle Spezialisierung und sind in einzelnen Ländern zum Teil auch rechtliche Voraussetzung für die Übernahme einer Führungsfunktion in einem Unternehmen (z. B. in Rechnungswesen und Finanzen).

1.4.3 Umgang mit Komplexität

Die Forderung, die funktionalen oder in der Forschung subdisziplinären Silos zu überwinden, erfolgt vielfach und früh (z. B. Aldrich & Herker, 1977). So wird kritisiert, dass sich Forschung an immer spezialisierteren Forschungsfragen ausrichtet (z. B. am Verhalten von Konsumentinnen und Konsumenten in isolierten Laborsituationen) und dass integrative Themen, die das Topmanagement herausfordern und die eine disziplinübergreifende Sichtweise erfordern, vernachlässigt werden. In der Praxis ist festzustellen, dass das immer spezialisiertere Management der einzelnen Funktionen schlussendlich durch das Topmanagement «integriert» werden muss, was zu einer Überlastung desselben und zu einem Wachstum von Stabsfunktionen führen kann.

So können Konflikte zwischen Abteilungen entstehen, z. B. zwischen der Funktion Marketing, die eine stärkere Flexibilisierung der Produktion entsprechend den Bedürfnissen von individuellen Kundinnen und Kunden fordert, und der Produktion, die aus Effizienzgründen eine möglichst weitgehende Standardisierung wünscht. Wenn die Anreizmechanismen (z. B. die Erfolgsbeteiligungen der Kadermitarbeitenden) auf den Erfolg der eigenen Abteilung ausgerichtet werden, bestehen starke Interessen, für die Sicht der eigenen Abteilung zu kämpfen. Das Topmanagement muss dann eine Entscheidung treffen, welche die beiden Sichtweisen integriert und das Gesamtsystem optimiert. Dazu braucht es Informationen, die wiederum von eigenen Stäben gewonnen werden müssen.

Die isolierte Optimierung einzelner Funktionsbereiche und die dann erforderliche aufwändige Gesamtabstimmung auf oberster Ebene reduziert auch die Agilität von Organisationen. Die Forderung nach einem integrativen Management ist gerade in der heutigen Zeit, die oft als «VUCA-Zeit» charakterisiert wird, von besonderer Bedeutung. VUCA steht dabei für eine Situation mit hoher «Volatility, Uncertainty, Complexity und Ambiguity» (vgl. Bennett & Lemoine, 2014). Volatil sind Entwicklungen heute, weil eine Vielzahl möglicher Schocks, in Finanzmärkten, Politik oder Gesundheit, rasch weltweit durchschlagen können. Dies führt zu Unsicherheit. Immer mehr mindestens vordergründig widersprüchliche Ziele, z. B. günstige Produktion und gleichzeitig Umweltschutz oder die Forderung nach «High Performance Teams» und gleichzeitiger «Work Life Balance», führen zu Mehrdeutigkeiten und damit auch zu Komplexität für das Management. Aufgabe des Managements ist es, mit diesen Spanungsfeldern umzugehen und integrative Lösungen und Vorgehensweisen zu definieren.

Verschiedene Autoren identifizieren Managementpraktiken und Instrumente um Grenzen (Boundaries) zwischen den einzelnen «Professional Communities» und Disziplinen zu überwinden (vgl. Spee & Jarzabkowski, 2009; Levina & Vaast, 2005). So zeigt sich, dass die Nutzung von Praktiken und Instrumenten, wie z. B. moderierte Zukunfts-Workshops oder die Nutzung von Arbeitsinstrumenten wie die Anwendung von Geschäftsplanungssystematiken (Business Planning) oder auch Management-Modelle wie das SGMM, die Integration der Sichtweisen erleichtert.

Weitere Ansätze für die Förderung einer integrativeren Sichtweise (z. B. im Bereich der Strategietheorie) betonen, dass es wichtig ist, die richtigen Fragen zu stellen. So erklären Nickerson und Argyres (2018), dass es für die Vermeidung von sog. Typ III Problemen notwendig ist, eine sorgfältige Problemformulierung vorzunehmen. Als Typ III Probleme wird in dieser Kategorisierung die Situation bezeichnet, wenn Lösungen für das falsche Problem entwickelt werden, d. h. wenn das eigentliche Problem gar nicht identifiziert werden konnte. Integratives Management wird durch das breite, unkonventionelle Fragen erleichtert und stimuliert.

Wichtig ist dabei auch die Arbeit in Gruppen, die möglichst divers (in innerbetrieblichem Kontext z. B. aus verschiedenen Funktionsbereichen und aus unterschiedlichen Kulturen, Geschlechtern, usw.) zusammengesetzt sind und bei denen «Groupthink» (d. h. eine zu starke Ausrichtung auf die Bedürfnisse der Gruppe und insbesondere auf die Harmonie der Gruppe) vermieden wird. Es braucht den Austausch über die verschiedenen Perspektiven der einzelnen Gruppenmitglieder auf das Problem.

1.4.4 St. Galler Ansatz

Der systemische Ansatz ist für die St. Galler Managementforschung von zentraler Bedeutung (vgl. Bieger et al., 2021). Der Systemansatz und die Kybernetik (Steuerung komplexer Systeme) sind in den 1960er-Jahren, nicht zuletzt im Zusammenhang mit der verstärkt aufgekommenen Suche nach integrativen Ansätzen im Rahmen der Diskussion um die Begrenzung von Ressourcen (vgl. Meadows, Meadows, Randers & Behrens, 1972) entwickelt worden. Wichtige Grundlagen stammen dabei von Beer (1959) sowie Vester (1968). In St. Gallen wurden die Ansätze von Ulrich (1968) verfolgt und von verschiedenen Forschern in unterschiedlichen Teilgebieten weiterentwickelt (z. B. Kaspar, 1996 im Tourismus). Systemdenken (s. auch Luhmann, 2002) wurde auch als eigentliche neue Methode, fast als neues Paradigma (vgl. Kuhn, 1969), behandelt.

Aufbauend auf Arbeiten wie z. B. von Beer (1959) wurden Regeln für lebensfähige (und damit entwicklungsfähige) Systeme auf der Basis von kybernetischen Grundlagen entwickelt. Noch heute prägen Überlegungen und Gesetze aus dieser Forschung die Managementpraxis; so z. B. die Notwendigkeit, für das Überleben von Organisationen auf verschiedenen Systemebenen zu denken (vgl. z. B. Schwaninger, 1988). Die drei wesentlichen Management-Ebenen (Abbildung 1-7) mit ihren jeweiligen Orientierungsgrundlagen, Zielkategorien, Bezugsgrössen und Zeithorizonten sind im SGMM seit der zweiten Generation enthalten. So prägt das Systemdenken betriebswirtschaftliche Forschung und Lehre an der Universität St. Gallen. Zu erwähnen sind beispielhaft die Arbeiten von Bleicher, der das Unternehmen als soziotechnisches System beschreibt (vgl. Bleicher, 1991) oder Gomez, der einen praktischen Ansatz zur Lösung von Managementproblemen mit einem vernetzten Denken präsentierten (vgl. Probst & Gomez, 1991).

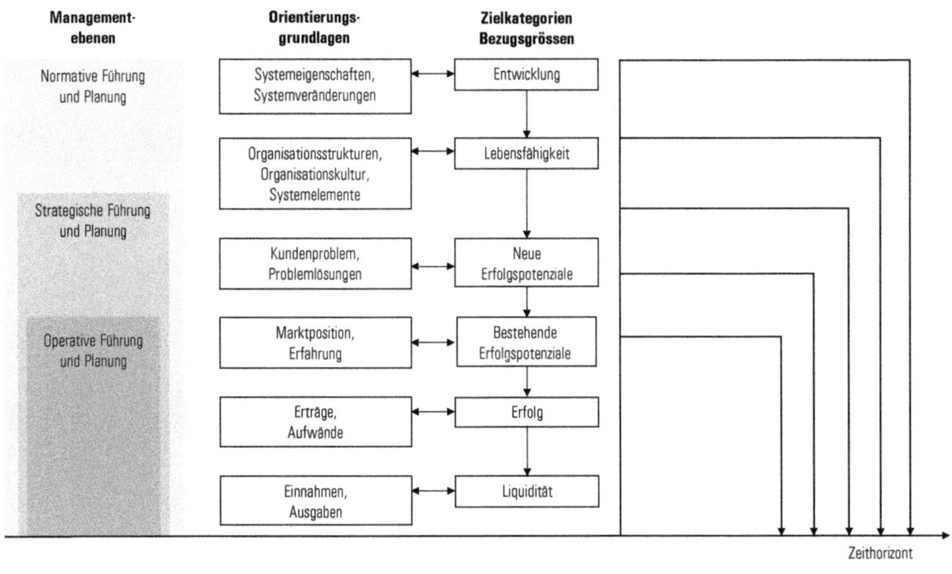

Abbildung 1-7: Integrale Planung mit Orientierungsgrundlagen, Zielkategorien, Bezugsgrössen und Zeithorizonten

Quelle: Schwaninger (1988, S. 126)

Ein Resultat systemischer Ansätze ist auch Ashbys Law (Ashby, 1985). Dieses Gesetz besagt, dass ein varietätsreiches komplexes System für seine Steuerung ein Steuerungssystem benötigt, das eine ebenso grosse Varietät und Komplexität aufweist. An einem Beispiel ausgedrückt heisst das: Wenn es in einem Team in einer Entwicklungsabteilung zu Konflikten kommt, dann genügt es nicht, einfach den grössten «Rebellen» aus dem Team zu entfernen. Ein Entwicklungsteam ist ein komplexes System, in dem soziale Beziehungen mit Wissensbeziehungen, mit hierarchischen Abhängigkeiten und Projektabläufen zusammentreffen. Das System zeichnet sich durch verschiedene miteinander verbundene Ebenen aus. So ist das soziale System stark beeinflusst durch die für Projektabläufe notwendigen Interaktionen und diese wiederum durch das hierarchische System. Eine geeignete Intervention im Konfliktfall bedingt eine Analyse auf allen drei Systemebenen. Zudem braucht es Eingriffe auf den verschiedenen Ebenen wie z. B. Personalmassnahmen auf der sozialen Ebene kombiniert mit einer Veränderung der Projektstrukturen bei gleichzeitiger Veränderung der Führungskultur.

1.5 Denken in Systemen und Prozessen

Wie erwähnt ist das Denken in Systemen und Prozessen eine wesentliche Grundlage des SGMM. Systemdenken hat den Anspruch, interdisziplinäre Perspektiven zu ermöglichen. Prozessdenken soll einzelne Funktionen in einen (Wirkungs-)Zusammenhang bringen (z. B. in einem Wertschöpfungsprozess Einkauf, Produktion und Marketing). Entsprechend werden heute viele Unternehmen auch nicht mehr nach Funktionen, sondern nach Leistungsprozessen organisiert, was das Überwinden von funktionalen Denksilos ermöglicht. Instrumente wie die Arbeit mit Netzwerken bei der integrierten Problemlösung (Probst & Gomez, 1991) oder der Einsatz von Prozesslandkarten für die Weiterbearbeitung von komplexen Fragestellungen haben den Charakter von «grenzüberspannenden Objekten» (Boundary Spanning Objects, vgl. Spee & Jarzabkowski, 2009). Nachfolgend werden die wesentlichen Merkmale von Systemen und Prozessen dargestellt.

1.5.1 Systemsicht auf Organisationen

Systeme können definiert werden als «geordnete Gesamtheit von Elementen zwischen denen irgendwelche Beziehungen bestehen oder hergestellt werden können» (Ulrich, 1968, S. 105). Vereinfacht können diese Elemente durch Grafiken dargestellt werden, in denen die Beziehungen zwischen den Elementen mit Pfeilen dargestellt werden (Abbildung 1-8).

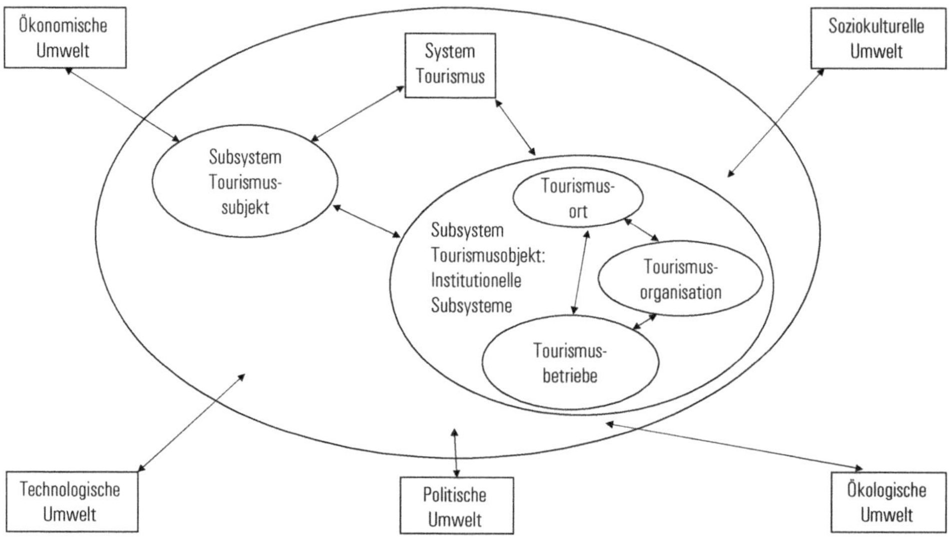

Abbildung 1-8: Tourismus als illustratives Beispiel eines Systems
Quelle: Bieger (2010, S. 64); nach Kaspar (1996, S. 12)

Es können verschiedene Typen unterschieden werden, welche die Struktur von Systemen beschreiben und häufig in Form von Netzwerken dargestellt werden (vgl. auch Bieger, Pechlaner, Liebrich & Beritelli, 2004). So lassen sich exemplarisch Stern-Netze und vermaschte Netze unterscheiden (Abbildung 1-9). Bei reinen *Stern-Netzen* steht ein Element im Zentrum, über das alle Verbindungen laufen; dieses «kontrolliert» quasi das System. Die Entwicklung des Netzes hängt damit aber auch von den Kapazitäten dieses zentralen Elementes ab. Ein Beispiel sind Hub- und Spoke-Netzwerke von Airlines, bei denen der Verkehr über einen zentralen Hub, einen Flughafen mit Umsteigverbindungen, abgewickelt wird. Andere Beispiele sind Beratungsteams oder klassische Lehrstuhlstrukturen, wo sämtliche Kommunikations- und Arbeitsbeziehungen durch den Partner oder die Ordinaria gesteuert und damit auch überwacht werden.

Bei *vermaschten Netzen* oder Maschennetzen bestehen Beziehungen zwischen verschiedenen Elementen, wobei im Extremfall jedes Element mit jedem verbunden ist. Der Vorteil dieses Systems ist die Redundanz. Wenn ein Element ausfällt, so können dessen Funktionen auch durch andere Elemente übernommen werden. Dies war auch die Grundidee bei der Entwicklung des World Wide Webs. Zuvor bestanden IT-Strukturen aus einem zentralen Rechner, an den alle Aussenstellen-Terminals angeschlossen waren. Wenn der zentrale Knoten durch einen Terroranschlag oder durch ein technisches Problem ausgefallen wäre, hätte dies das ganze IT-System lahmgelegt. Mit der militärisch induzierten Entwicklung des World Wide Web sollte ein IT-System geschaffen werden, das in einem solchen Fall weiter funktioniert, weil jeder Rechner mit jedem verbunden ist (vgl. Deitel, 2012). Der Nachteil dieser Systeme ist ihre schwierige Steuerbarkeit, da der zentrale Knoten, über den alles gesteuert werden könnte, fehlt.

Ein Spezialfall des vermaschten Netzes ist das *Rasternetz*. Dieses besteht aus einem rechtwinklig strukturierten Netz, bei dem die Elemente jeweils mit den auf allen vier Seiten angrenzenden Nachbar-Elementen verbunden sind. Wenn einer der Knoten in einem Rasternetz ausfällt, kann auf Parallelverbindungen ausgewichen werden. Dies erklärt auch, warum Rasternetze häufig in der Strassen- und Verkehrsplanung angewendet werden.

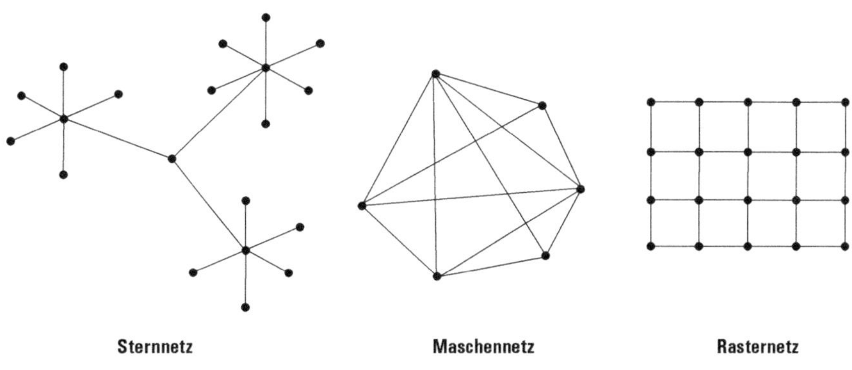

Abbildung 1-9: Exemplarische Typen von Netzwerken zur Darstellung von Systemen

Jede Organisation besteht aus verschiedenen Systemebenen (s. z. B. Schräder, 2000, S. 153). So hat z. B. eine Organisation wie ein Spital folgende Ebenen:

- Eine *logistische Ebene,* auf der die Patientenflüsse stattfinden und wo verschiedene Leistungselemente wie Röntgenabteilung, Labor, Operationssäle zu einer spezifischen Leistungskette für einen Patienten zusammengefügt werden.
- Eine *Informationsebene,* bei der eng verbunden mit der logistischen Ebene Daten zum Patienten gesammelt und verfügbar gemacht werden.
- Eine *finanzielle Ebene,* auf der die Finanzflüsse zwischen den verschiedenen Elementen stattfinden, z. B. die Verrechnung von Leistungen aus der Röntgenabteilung an die behandelnde Station und den einzelnen Patienten.
- Eine *hierarchische Ebene* mit den Unterstellungsverhältnissen und den Zusammenarbeitsstrukturen z. B. in Projekten.
- Eine *soziale Ebene* mit den persönlichen und geschäftlichen Bekanntschaften und informellen Kommunikationsbeziehungen.

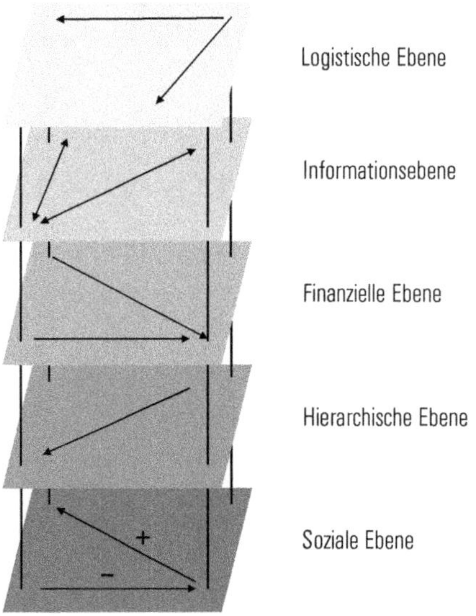

Abbildung 1-10: Schematische Darstellung von System-Ebenen am Beispiel Spital
Quelle: in Anlehnung an Bieger (2010, S. 75)

Diese verschiedenen Ebenen (Abbildung 1-10) beeinflussen sich gegenseitig. So kann man sich vorstellen, dass eine gute soziale Beziehung zwischen der Leitung der einen Abteilung und der Leitung einer anderen Abteilung sich positiv auf die logistische Ebene auswirkt, indem die Zusammenarbeit erleichtert wird.

Systeme lassen sich danach unterscheiden, ob sie trivialer oder komplexer Natur sind (von Foerster, 1993). *Triviale Systeme* charakterisieren sich durch ihre Stabilität. Es bestehen immer die gleichen Elemente mit den immer gleichen Beziehungen zwischen den Elementen. Das heisst es gibt eine stabile Wirkung von einem Element auf das andere: Wenn z. B. das eine Element wächst, gibt es auch einen Wachstumsimpuls auf das andere Element. Viele logistische Systeme gehören in die Kategorie trivialer Systeme, so z. B. eine fix gekoppelte Wertschöpfungskette zum Verkauf von Brillen, bei der eine stabile Beziehung zwischen Lieferanten von Halbfabrikaten, Fertigung der Brillen und Auslieferung der Brillen an den Detailhandel besteht. Solche Systeme lassen sich leicht analysieren und steuern. Im Sinne von Ashbys Law (Ashby, 1985) ist ihre Varietät gering und es kann mit einzelnen Interventionen wie einer Kapazitätsveränderung bei der Fertigung das ganze System gesteuert werden.

Anders ist es bei *komplexen Systemen.* Diese zeichnen sich aus durch:

- *Offenheit:* Diese Systeme empfangen laufend Impulse von aussen. Ein Unternehmen als soziotechnisches System ist z. B. betroffen von kulturellem Wertwandel aus der gesellschaftlichen Umwelt, der die Verhaltensweise der Mitarbeitenden verändert.
- *Strukturelle Instabilität:* Das System restrukturiert sich dauernd, indem einzelne Elemente oder Beziehungen neu entstehen oder zerfallen, z. B. wenn in einem hierarchischen System aufgrund von Konflikten Kommunikationsbeziehungen zwischen einzelnen Mitgliedern der Organisation zum Erliegen kommen oder sogar aufgrund dieser Konflikte Führungspersönlichkeiten entlassen werden und damit als Systemelemente entfallen.
- *Kippeffekte:* Die Beziehung zwischen den Elementen ist nicht linear, sondern es existieren Kippunkte. Zu einem Kippeffekt könnte es z. B. kommen, wenn in einer Führungsbeziehung immer mehr auf Leistungsorientierung und Kontrolle gesetzt wird und dadurch plötzlich die intrinsische Motivation verschwindet.
- *Mehrschichtigkeit:* Die Elemente selbst verändern sich in ihrer Wirkungsweise und ihrem Verhalten, insbesondere wenn sie von Veränderungen einer anderen Wirkungsebene respektive von einem anderen System betroffen werden. Wenn z. B. eine Ferti-

gungsabteilung aufgrund von Sparmassnahmen (Wirkung von der finanziellen Ebene) die Wartung reduziert und damit Ausfälle häufiger werden, hat das wiederum Auswirkungen auf die logistische Systemebene.

- *Historizität:* Komplexe oder nicht-trivale Systeme sind historische Systeme. Das heisst, ihr gegenwärtiger Zustand hängt unter anderem von ihrer Vergangenheit ab und prinzipiell kann jedes Ereignis oder jede Entscheidung den gegenwärtigen Zustand und die Arbeitsweise eines Systems verändern. Umgekehrt meint Historizität auch, dass frühere Entscheidungen sich auf spätere Entscheidungen auswirken. So können Pfadabhängigkeiten vorhanden sein, wenn Organisationen z. B. an einem bestimmten Betriebssystem festhalten, auch wenn sich über die Jahre andere, überlegene Softwarelösungen entwickelt haben.

Als Resultat sind die Verhaltensweise und Entwicklung komplexer Systeme sehr schwer vorhersehbar. Dies zeigt sich z. B. auch bei einer Pandemie. Während sich die «biologische» labormässige Vermehrung eines Virus in einem stabilen Kontext klar modellieren lässt, ist dies in einer Lebenswelt komplexer, in der viele Systemebenen zusammenspielen. Schon auf der biologischen Ebene ist die Natur offen: Viren können von ausserhalb in ein Land hineingetragen werden oder zwischen Lebewesen überspringen. Das Verhalten der Menschen ist nicht nur das Resultat der biologischen Ebene, sondern auch sehr stark von der wirtschaftlichen sowie von der politischen und gesellschaftlichen Ebene beeinflusst (z. B. von der Robustheit der Wirtschaft, vom Vertrauen in die Behörden und von der lokalen Kultur im Umgang miteinander).

Ähnliche Wechselwirkungen gelten bei Unternehmen, wenn z. B. ein auf der logistischen und finanziellen Systemebene an sich konsistentes Geschäftsmodell nicht realisiert werden kann, weil auf der sozialen und emotionalen Ebene Widerstände aufgrund von äusseren Einflüssen wie politischen Konflikten bestehen. Systemische Analysen helfen, das Verhalten von Unternehmen und Organisationen in ihrer Umwelt beschreibbar, modellierbar und damit erklärbar zu machen.

1.5.2 Prozesssicht auf Organisationen

Prozesse können definiert werden als Abfolge von Aktivitäten, die von einem oder mehreren Arten Input zu einem Output führen (vgl. Porter, 1985). Grundlage und primärer Prozess jeder Organisation ist die Wertschöpfung. Jede Organisation definiert sich über die Leistungen, die sie erbringt. Diese Orientierung am Kundenwert der Leistung wird durch die Geschäftsprozesse im Zentrum des SGMM repräsentiert.

Ein Wertschöpfungsprozess muss zu einem Wertzuwachs zwischen Input und Output, einer sogenannten Wertschöpfung führen (Abbildung 1-11). Dabei kann dieser Wert materieller, monetär berechenbarer Art sein, weil Input und Output über Märkte gehandelt werden und so einen Preis haben. Diese Wertschöpfung kann an die Anspruchsgruppen verteilt oder für die Weiterentwicklung des Unternehmens eingesetzt werden. Der Wert kann jedoch auch immaterieller Natur sein, z. B. wenn durch Freiwilligenarbeit Betreuungsleistungen oder Kulturschaffen ermöglicht wird, das in dieser Qualität nicht auf dem Markt erhältlich ist. Dabei wird der Wert dann z. B. über den erforderlichen Input, die Arbeitsleistung, definiert (für eine kritische Auseinandersetzung mit dem Wertbegriff s. Mazzucato, 2018).

Abbildung 1-11: Illustrative Prozesskette

Aus Managementsicht sind neben der notwendigen Steuerung der Prozessaktivitäten (Koordination der Kapazität und Qualität, usw.) folgende Aspekte von Wertschöpfungsprozessen interessant:

- Tendenz, dass sich Wertschöpfungsketten laufend restrukturieren. Aufgrund von Umfeldveränderungen (z. B. neue Technologie oder veränderte Preise für die Inputfaktoren) werden Aktivitäten anders durchgeführt oder es werden die Wertschöpfungsketten sogar neu konfiguriert. Dies ist z. B. der Fall, wenn dank der Möglichkeit des «Print on Demand» keine Ersatzteillager mehr gehalten werden müssen.

- Tendenz, dass sich Wertschöpfungsketten dabei aufgrund der dahinterliegenden «Economies» (z. B. Skaleneffekte) immer mehr ausdifferenzieren und spezialisieren.
- Tatsache, dass neben der Primärwertschöpfung einer Organisation auch Zusatzwertschöpfung entsteht (z. B. Beitrag zur Attraktivität einer Region über die bereitgestellten Arbeitsplätze und Steuern; Abbildung 1-12).

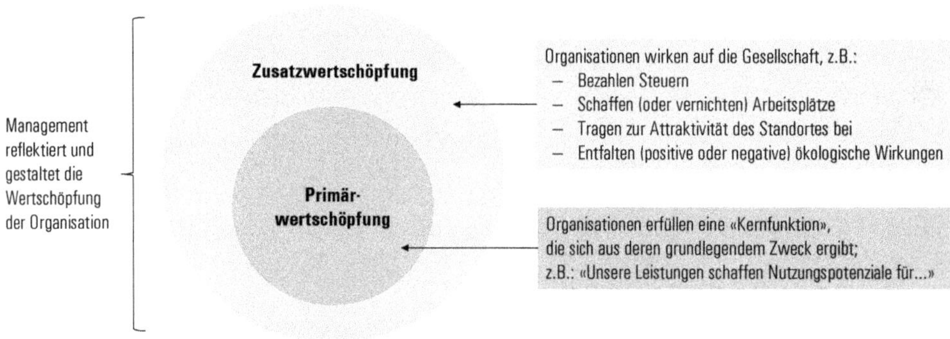

Abbildung 1-12: Unterscheidung von Primär- und Zusatzwertschöpfung einer Organisation

Eine Prozesssicht eines Unternehmens hilft, die einzelnen Prozesse in ihrem Zusammenwirken funktionsübergreifend zu optimieren. Das Grundmodell eines Prozessmodells für ein Unternehmen stammt von Porter (1985). In diesem Modell wird zwischen primären und unterstützenden Aktivitäten unterschieden. Die primären Aktivitäten sind direkt auf den Wertschöpfungsprozess ausgerichtet, während die unterstützenden Aktivitäten die Voraussetzungen schaffen (Abbildung 1-13).

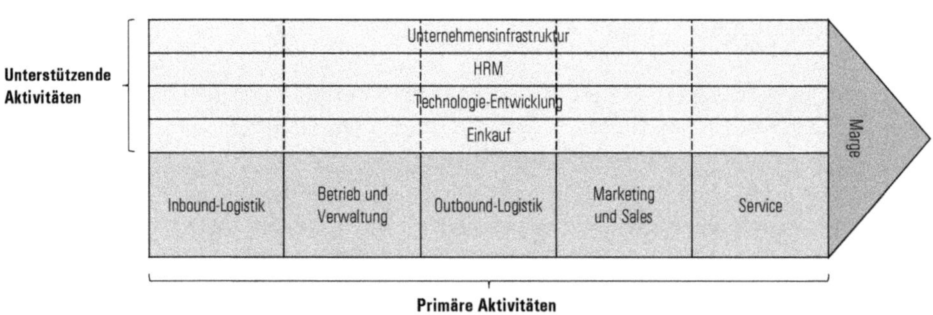

Abbildung 1-13: Die Wertkette

Quelle: Porter (1985, S. 37)

Für komplexe Projekte (z. B. Kauf eines Tochterunternehmens), aber auch für komplexe Leistungsprozesse (z. B. Rekrutierung einer neuen Kadermitarbeiterin oder Installation von Fertigungsmaschinen) werden Modelle für Prozessplanungen mit verschiedenen Techniken entwickelt.

Um die Soll-Prozesse bei Dienstleistungen darzustellen (Idealbild), werden häufig «Service Blueprints» verwendet. Mit diesem normativen Gestaltungsinstrument werden verschiedene Ebenen sowie auch eine sogenannte Sichtbarkeitslinie dargestellt. Zuoberst sind die Kundinnen und Kunden bzw. die physischen Kontaktpunkte zu ihnen (Abbildung 1-14).

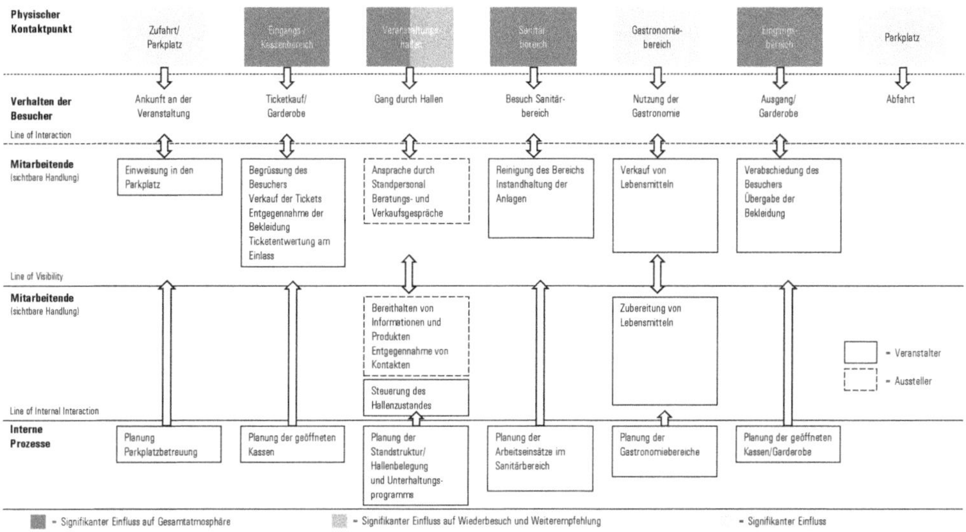

Abbildung 1-14: Illustrativer Service Blueprint am Beispiel einer Publikumsmesse

Quelle: Wiedmann und Kirchgeorg (2018, S. 56)

Für die Darstellung der Ist-Prozesse (reale Abläufe), können z. B. Prozesslandkarten verwendet werden. Mit diesen deskriptiven Erfassungsinstrumenten werden die Prozesse in der Realität empirisch erfasst und als Prozessdiagramm dargestellt (Abbildung 1-15). Diese Prozesslandkarten bilden die Grundlage für die kontinuierliche Verbesserung solcher Abläufe, weil sie die Abhängigkeiten dieser Aktivitäten untereinander verdeutlichen.

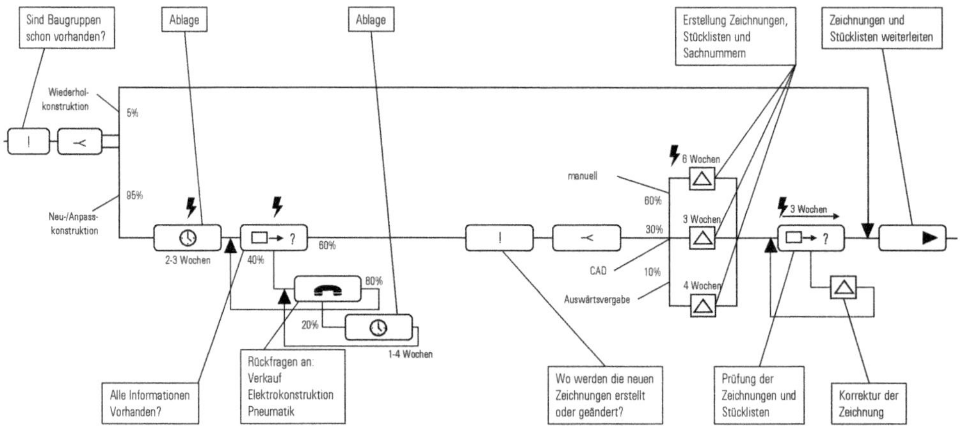

Abbildung 1-15: Illustratives Beispiel einer Prozesslandkarte (Projektdokumentation ITEM-HSG)

Quelle: Rüegg-Stürm und Grand (2020, S. 83)

1.6 Typen von Unternehmen und Organisationen

Wie die oben dargestellten Managementaufgaben priorisiert werden, wie sie erledigt werden und wie die entsprechenden Fragen beantwortet werden, hängt neben der Umwelt vor allem vom Typ einer Organisation ab. Dabei können für die Typisierung von Organisationen verschiedene Kriterien verwendet werden, die in Abbildung 1-16 kurz beschrieben werden (nach Rüegg-Stürm & Grand, 2020, S. 36; Thommen, Achleitner, Gilbert, Hachmeister & Kaiser, 2017, S. 25).

Kriterium	Nach dominanten Umweltsphären	Nach Profit-Orientierung	Nach Grösse
Ausprägungen	– Unternehmungen (Wirtschaft) – Öffentliche Unternehmungen (Wirtschaft und Politik) – Öffentliche Organisationen (Politik und Recht) – Non-Governmental Organizations, NGO (Öffentlichkeit und Ethik) – Non-Profit Organizations, NPO (Gesellschaft) – Pluralistische Organisationen (mehrere Umweltsphären gleichzeitig)	– For Profit – Not for Profit	– Klein (<50 Mitarbeitende) – Mittel (<250 Mitarbeitende) – Gross (>250 Mitarbeitende)

Kriterium	Nach Rechtsform	Nach Phase im Unternehmenszyklus
Ausprägungen	– Einzelunternehmen – Personengesellschaften – Kapitalgesellschaften (GmbH, AG) – Genossenschaften – Vereine – Stiftungen	– Seed – Startup – Early Growth – Expansion

Abbildung 1-16: Verschiedene Kriterien und deren Ausprägungen zur Typisierung von Organisationen

Quelle: nach Rüegg-Stürm und Grand (2020, S. 36); Thommen et al. (2017, S. 25)

Der Typ einer Organisation und vor allem deren wirtschaftliche Ausrichtung bzw. die Profit-Orientierung haben markante Auswirkungen auf die Wahrnehmung der Aufgaben des Managements und der sich dabei bietenden Spannungsfelder. Beispielhaft zeigt sich dies bei der Gewichtung der einzelnen Interessen der Stakeholder.

Neben der Unterscheidung nach der *dominanten Umweltsphäre* ist v. a. die Unterteilung nach *Profit-Orientierung* in «For Profit» oder «Not for Profit» sehr wichtig. Private Unternehmen sind meist direkt oder indirekt gewinnstrebend. Mit dem Gewinn wird das Risikokapital entschädigt, das notwendig ist für riskante Innovationstätigkeiten (z. B. die Forschung, das Testen und die Markteinführung von neuen Medikamenten börsenkotierter Pharmaunternehmen). Nicht gewinnstrebende Unternehmen verfolgen meist gesellschaftliche Ziele wie Non-Governmental Organizations (NGOs) im Entwicklungsbereich bei der Armutsbekämpfung oder private Stiftungen bei der Förderung von Kulturprojekten. Nicht gewinnstrebende Unternehmen finanzieren sich häufig über Erträge aus Kapital, Spendengelder, aber auch eigenen Leistungsentgelten (z. B. Projektdienstleistungen) oder Subventionen. Für die Einwerbung dieser Gelder müssen sie ihre Erfolge bei der Erreichung ihrer Ziele dokumentieren und damit die Geldgeber motivieren. So hat die Stiftung Bergwaldprojekt im Jahr 2019 insgesamt CHF 1 726 754 an Spendengelder zur Verfügung, die sie für 12 275 Arbeitstage in Projekten zur Erhaltung des Bergwaldes investiert (Varinska, 2019).

Arbeiten öffentliche und private Organisationen in einer Kooperationsform zusammen, spricht man von «Public Private Partnerships». Dabei treffen typischerweise häufig gewinnstrebende und nicht gewinnstrebende Organisationen zusammen. So hat z. B. die Schweizer Gesellschaft für Hotelkredit einerseits Genossenschafter aus der Hotellerie und der Bankbranche, andererseits aber als wichtigsten Genossenschafter auch den Bund sowie einzelne Kantone. Sie vergibt nachrangige Kredite zur Förderung der Hotellerie in Gebieten mit saisonalem Tourismus. Dies erfolgt im Interesse der öffentlichen Hand respektive der von der Förderung profitierenden Regionen, der Hotellerie und der Banken.

Eine andere wichtige Typisierung strukturiert Unternehmen nach ihrer *Grösse*. Grossunternehmen haben meist einen stärkeren Grad an Ausdifferenzierung und verschiedene Führungsebenen, während Kleinstunternehmen wie Startups häufig von einem Team direkt und persönlich geführt werden. Organisation, Führungskultur und Grad der Formalisierung der Führung sind damit sehr unterschiedlich. Daraus ergeben sich auch Unterschiede in Bezug auf die Flexibilität und Agilität der Unternehmung.

Die unterschiedlichen *Rechtsformen* bieten unterschiedliche Voraussetzungen für Finanzierung und Wachstum, implizieren aber auch unterschiedliche Anforderungen an die Managementstruktur. Während eine einfache Gesellschaft meist von den Eigentümerinnen selbst geführt wird, gibt es bei Kapitalgesellschaften eine Trennung von Eigentum und Management, was besondere Anforderungen an die Corporate Governance stellt. Aktiengesellschaften haben in den meisten Ländern und Fällen ein zweistufiges System mit einem Board bzw. Verwaltungsrat oder Aufsichtsrat, der die Eigentümer und ev. weitere Stakeholder vertritt, und Exekutivdirektorinnen bzw. Management oder Vorstand zur Leitung der Unternehmung.

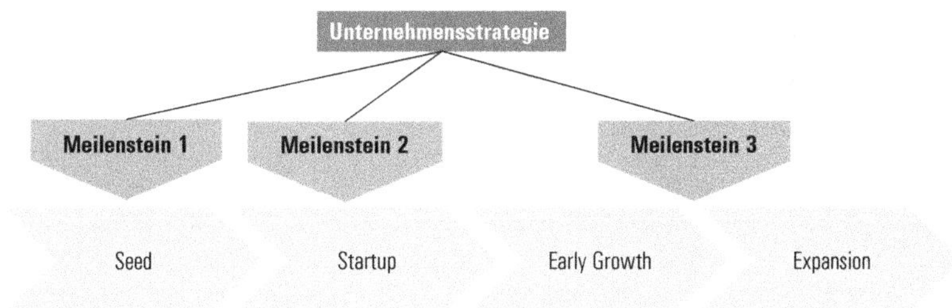

	Seed	Startup	Early Growth	Expansion
Unterstützungsbedarf	Unterstützung, das Unternehmen aufzubauen	Unterstützung, das erste Produkt am Markt zu platzieren	Unterstützung beim Wachstum durch Zugang zum Kundenstamm anderer Unternehmen	Unterstützung bei Ausweitung auf neue Produktgruppen aus dem Kerngeschäft heraus
Potenzieller Partner	Business Angel, Inkubator	Finanzinvestor, Venture Capitalist (VC)	Strategischer Partner	Strategischer Partner, Investment Bank
Finanzierung	Seed-Finanzierung	Erste VC-Finanzierungsrunde	Weitere Finanzierungsrunde	Börsengang (IPO)

Abbildung 1-17: Phasen der Unternehmensgründung als Beispiel für einen möglichen Unternehmenszyklus

Quelle: Grichnik, Brettel, Koropp und Mauer (2017, S. 239)

Heute ist auch die Unterscheidung nach *Phase im Unternehmenszyklus* bedeutend. So kann bei neu gegründeten Unternehmen zwischen verschiedenen Gründungsphasen unterschieden werden (Abbildung 1-17). Während in einer Vorbereitungsphase und unmittelbar nach der Gründung eine direkte Führung durch das Gründungsteam möglich ist, wird diese mit zunehmendem Wachstum in formellere Strukturen überführt werden müssen. Während in der Gründungsphase z. B. das Gründungsteam die Personalauswahl selbst vornimmt, was eine Selektion nach der Passung zu persönlichen Wertvorstellungen erlaubt, wird dies in einer späteren Phase meist durch eine spezialisierte Personalabteilung übernommen.

Die Anforderungen an Management, Managementstrukturen und an die Führungskräfte selbst variieren somit je nach Unternehmenstyp. Unternehmen verändern ihre Struktur jedoch nicht nur durch endogene Entwicklungsprozesse, sondern auch im Zusammenspiel mit anderen Unternehmen in Form von Kooperationen, Konsortien, strategischen Allianzen, Joint Ventures oder gar über Fusionen (Abbildung 1-18).

Lose ——————————————————————— Intensiv

Kooperation	**Konsortium**	**Strategische Allianz**	**Joint Venture**	**Fusion**
Zusammenarbeit in Teilbereichen; z.B. in Forschung	Zweckgebundene, langfristige, meist befristete Vereinigung; Unternehmen führen gemeinsame Geschäfte durch; z.B. Bankenkonsortium	Langfristige, vertragliche Zusammenarbeit für strategische Projekte; z.B. Entwicklung bestimmter Ländermärkte	Eigenständige Unternehmen bezüglich Märkten, Unternehmen für einen bestimmten Zweck; z.B. gemeinsamer Produktionsstandort	Verschmelzung zu einer neuen Einheit

Abbildung 1-18: Formen von Unternehmensverbindungen
Quelle: in Anlehnung an Thommen et al. (2017, S. 35)

Kapitel 1: Kernpunkte

- Für die Bearbeitung von komplexen Managementaufgaben ist integratives Management nötig.
- Die klassische Managementlehre geht davon aus, dass die Betriebswirtschaftslehre Erkenntnisse zur Unterstützung von Managerinnen und Managern bereitstellen soll.
- Mit dem Trend zu wissenschaftlicheren Ansätzen in der Betriebswirtschaft erklärt sich eine Ausdifferenzierung nach funktionalen Subdisziplinen (z. B. Personal und Marketing) und eine Spezialisierung nach Funktionen im Management.
- Als Reaktion zur Überwindung der damit entstandenen «Silos» sind verschiedene Ansätze wie z. B. systemorientierte Management-Konzepte entstanden.
- Management kann auf der Basis des Systemansatzes verstanden werden als reflexive Gestaltung von Wertschöpfungssystemen in Organisationen, die wiederum verstanden werden können als soziotechnische Systeme, die Leistungen für Dritte erbringen.
- Das St. Galler Management Modell bietet in seiner laufenden Weiterentwicklung eine geistige Landkarte, ein Modell für die Einordnung und Bearbeitung von Managementaufgaben.
- Das Denken in Systemen erleichtert die Erfassung von Entwicklungsdynamiken im Zusammenspiel von Organisationen und Umwelt.
- Das Denken in Prozessen erleichtert das Verständnis für komplexe Abläufe wie Projekte oder das Erbringen von Dienstleistungen.
- Verschiedene Organisationstypen stellen unterschiedliche Managementherausforderungen.

2 Entscheidungen und Kommunikation

2.1 Fallstudie: N26

Inspiriert vom Gründergeist der Berliner Startup-Szene und fasziniert vom disruptiven Potenzial des technologischen Wandels im Banking entschloss sich der HSG-Alumnus Valentin Stalf, gemeinsam mit Maximilian Tayenthal eine Unternehmung zu gründen.

Quasi «in der Garage» treiben die beiden Gründer im Jahr 2013 in ihrer Heimat Wien die ersten Konzepte für ein Startup im Finanzbereich voran. Schon bald wird ihnen allerdings klar, dass sie auf ein fruchtbares «Ökosystem» mit Zugang zu Technologie, Mitarbeitenden, Investoren, aber auch attraktiven Erstkunden angewiesen sind. Schliesslich finden die beiden einen Platz in einem «Accelerator» in Berlin sowie eine erste Finanzierung durch die Axel Springer Stiftung im Umfang einer niedrigen sechsstelligen Summe. Für die Entwicklung, die Sicherstellung der Marktreife und das erste Wachstum wird allerdings bald eine neue Finanzierungsrunde notwendig. Sogenannte «Angel Investoren» zeichnen rund ein halbe Million Euro. Bei dem damaligen Nischenprodukt «Papayer» handelt es sich um eine digitale Taschengeldbörsen-App mit Prepaid-Kreditkarte.

Nach rund einem Jahr, Ende Januar 2014, steht das Unternehmen an einem Scheideweg. Es zeigt sich, dass das Ertragspotential des Geschäftsmodells beschränkt ist und die Taschengeld-App vor allem von Eltern statt ihren Kindern genutzt wird. Die Unternehmung hat bereits EUR 400'000 verbraucht und verfügt nur noch über liquide Mittel für rund zwei Wochen Betrieb mit den inzwischen zehn Mitarbeitenden. Statt aufzugeben, werden höhere Ziele gesteckt und neues Kapital akquiriert: Das Team kann seine Investoren überzeugen, dass die Firma in der Lage ist, eine mobile Bank für Kunden aller Alterssegmente aufzubauen.

Valentin Stalf und Maximilian Tayenthal gelangen an die europäischen «Venture Capital Investoren» EarlyBird und RedAlpine, von denen sie schliesslich eine Seed-Finanzierung im Umfang von EUR 1.5 Mio. für den Relaunch ihres Unternehmens erhalten. Im Frühling 2015 investiert der amerikanische Risikokapitalfonds ValarVentures EUR 10 Mio. in das Startup. Weitere Finanzierungsrunden im Umfang von über EUR 100 Mio. mit Beteiligung asiatischer Investoren verlaufen 2016 bis 2019 erfolgreich. Noch im ersten COVID-19-Lockdown gelingt N26 eine weitere Finanzierungsrunde. Am 5. Mai 2020 wird vermeldet, dass die Online-Bank EUR 92 Mio. frisches Kapital einsammeln konnte. Damit verfügt das Unternehmen über die notwendigen liquiden Mittel für ein weiteres Wachstum, das sich durch die Corona-Krise im Frühsommer 2020 gerade für internetbasierte Leistungen abzeichnet.

N26 bietet Girokonten für Privat- und Geschäftskunden an (vgl. www.n26.com). Mit diesen Konten verbunden ist jeweils eine Mastercard Debit mit unterschiedlichen inkludierten Services und Versicherungen. Die monatliche Grundgebühr ist abhängig vom gewählten Paket, wobei beim Basisprodukt keine Monatsgebühren anfallen. Trotzdem kann N26 auch beim «Gratisprodukt» ohne Kartengebühr Geld verdienen, da sie als «Issuer» der Mastercard Debit von sogenannten «Interchange Fees» profitiert, die ihr von der Bank, welche die Mastercard Debit am Verkaufspunkt (Point of Sale) akzeptiert, überwiesen wird. Sämtliche Interaktionen erfolgen ohne Filialen über eine Smartphone-App – von der Konto-Eröffnung bis zur Verwaltung von Guthaben und Zahlungstransaktionen. Die «mobile-first» Herangehensweise ohne teure Filialen erlaubt günstige Produkte und ein digitales 24/7-Erlebnis. Die grosse Abhängigkeit von Technologie, kombiniert mit dem Fehlen von persönlichem Service im Falle von Zwischenfällen und Pannen, hat allerdings auch schon zu Kritik geführt. Bei N26 werden laufend neue Produkte integriert. Dabei werden auch Services von Drittanbietern eingebunden, etwa im Bereich von Fremdwährungstransaktionen oder bei der Kreditvergabe, wobei die «User Experience» in jedem Fall komplett einheitlich von N26 gestaltet wird.

Neue Finanzdienstleister wie N26 operieren mit skalierbarer Technologie, indem sie für Datenspeicherung und Operations auf Cloudlösungen setzen. Die Fixkosten bleiben dadurch tief, da keine teure technologische Infrastruktur mit Serverfarmen betrieben werden muss. Die Herausforderung des Geschäfts liegt vielmehr darin, auf der einen Seite starkes Wachstum mit den dafür notwendigen Investitionen in Entwicklung und Marketing zu tätigen und andererseits einen ausreichenden Cashflow zu generieren. So liegt auch bei N26 der Fokus von Investoren und Management lange Zeit primär auf dem Wachstum. Die Rendite der einzelnen Kunden ist dabei nicht besonders relevant. Ziel ist es, im sich konsolidierenden Markt für mobile Finanzdienstleistungen einen kritischen Marktanteil zu erringen und dadurch von Netzeffekten zu profitieren. Noch 2018 wird bei einem Umsatz von rund EUR 44 Mio. ein Verlust von EUR 73 Mio. generiert. Für die Neukunden-Akquise wurde mit rund EUR 27 Mio. etwa gleich viel ausgegeben wie für die Entlohnung der Mitarbeitenden (Hüfner, 2020).

Bis anfangs 2020 dominiert im Unternehmen eine Kultur, die auf Wachstum, Innovation und Integration neuer Services ausgerichtet ist. Das Wachstum wird dabei vor allem durch das gewonnene Investorenkapital finanziert.

Es folgt ein Wandel vom Wachstumsmodell zu einem Cashflow-Modell, bei dem ausreichende betrieblich generierte Liquidität den Betrieb und das Wachstum finanzieren. So beginnt sich N26 nicht nur auf die reine Kundenzahl, sondern vor allem auch auf aktive Kunden zu konzentrieren, die langfristig für das Unternehmen profitabel sind. Einnahmeseitig kann die Profitabilität z. B. durch das Upselling zu Premium-Konto-Paketen mit höherwertigen Services gesteigert werden.

Die COVID-19-Krise stellt für N26 gleichzeitig Chance und Gefahr dar. Durch «Social Distancing» und «Home-Office» werden während der Pandemie vermehrt standortunabhängige Internet-Dienstleistungen nachgefragt, wie sie Smartphone-Banken bieten. N26 kann so die Aufmerksamkeit neuer Zielgruppen gewinnen, welche bisher primär auf analoges Banking vertraut haben. Die Aktivierung dieser oft kaufkräftigen Segmente stellt ein grosses Potenzial dar, welches mit weiteren Investitionen in das Wachstum ausgenutzt werden kann. Gleichzeitig ist mit den Ausgangs- und Reisebeschränkungen die Konsum- und Bewegungsfreiheit deutlich eingeschränkt, was die Anzahl der Kartentransaktionen im In- und Ausland stark beeinflusst. Zudem hat sich angesichts der durch die Krise ansteigenden Schuldenlast das Investitionsklima verschlechtert. Investoren werfen einen kritischeren Blick auf die «Burn Rate» und legen einen verstärkten Fokus auf die Erzielung von Cash-Flows und Profitabilität.

Die allgemeine wirtschaftliche Verlangsamung zwingt zu grundsätzlichen Überlegungen: Soll zusätzliches Geld in die Entwicklung innovativer Services investiert werden, um damit den Wachstumskurs fortzusetzen und neue Märkte sowie Zielgruppen zu erreichen? Oder soll das Geld in die Optimierung der Geschäftsprozesse, in Up- und Cross-Selling und damit in die Sicherung ausreichender Cashflows investiert werden?

Eckwerte:

- N26 wird 2013 in Berlin gegründet.
- Nach acht Jahren hat die Unternehmung fast 500 Mitarbeitende.
- Im Jahr 2018 wird bereits über EUR 40 Mio. Umsatz generiert.
- Seit 2019 ist N26 das wertvollste deutsche Startup im Finanzsektor.
- Seit 2020 verfügt N26 über mehr als 5 Millionen Kundinnen und Kunden.

Diskussionsfragen:

A. Um welchen Typ von Entscheid handelt es sich bei der Frage, ob trotz Pandemie weiterhin eine Wachstumsstrategie verfolgt werden soll?
B. Welche Entscheidungsmethoden könnten bei diesem Entscheidungstyp zum Einsatz kommen?
C. Welches sind bei diesem Entscheid wichtige Kommunikationsplattformen und Botschaften?

2.2 Betriebswirtschaftslehre als Entscheidungslehre

2.2.1 Notwendigkeit von Entscheidungen und Kommunikation

Die klassische Betriebswirtschaftslehre versteht sich (wie in Kapitel 1.4 dargestellt) als Unterstützung für Führungskräfte in Organisationen (vgl. Ulrich & Krieg, 1972). Die wichtigste Tätigkeit von Führungskräften ist, für Entscheidungen zu sorgen. Entsprechend wird Betriebswirtschaftslehre oft auch als eigentliche Entscheidungslehre gesehen (vgl. auch Heinen, 1968). Das Treffen von Entscheiden, deren Umsetzung und vorgelagert die Sicherstellung von Entscheidungsfähigkeit sowie die Identifikation einer Entscheidungsnotwendigkeit (Abbildung 2-1) gehören zu den Hauptaufgaben von Führungskräften (z. B. Rüegg-Stürm & Grand, 2020).

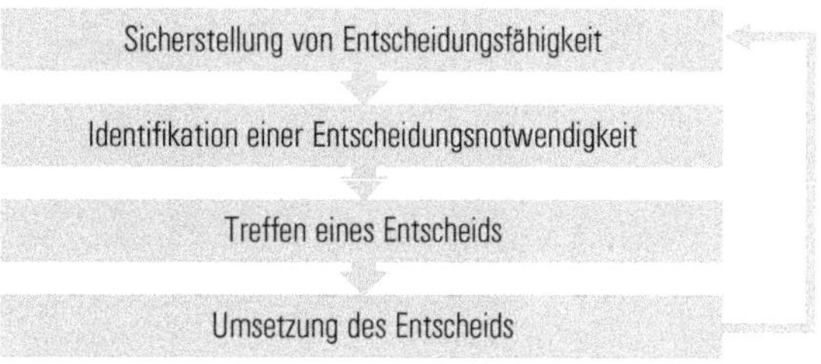

Abbildung 2-1: Entscheidungsphasen

Quelle: in Anlehnung an Rüegg-Stürm und Grand (2020)

Dabei erfordert erfolgreiche Entscheidungspraxis eine enge Verzahnung mit Kommunikation. In der Phase der *Sicherstellung der Entscheidungsfähigkeit* geht es insbesondere um den Aufbau von Vertrauen, um den Zugang zu Informationen zu sichern und um später Entscheide auf einer ausreichenden Legitimationsbasis treffen zu können. In der Phase der *Identifikation einer Entscheidungsnotwendigkeit* geht es um das Stellen der richtigen Fragen (s. Kap. 1.4.3), die Bereitstellung relevanter Daten (z. B. auf Basis einer «Balanced Scorecard», s. auch Kap. 3.6), aber auch um den Austausch weicher Signale (z. B. sanfte Hinweise an einem gesellschaftlichen Anlass). In der Phase des eigentlichen *Entscheids* geht es um die Erschliessung von Alternativen (z. B. durch den Austausch mit möglichen Kooperationspartnern oder Stakeholdern, die Ressourcen wie eine neue Finanzierungsmöglichkeit zugänglich machen) und um die methodisch sachgerechte Bewertung der Alternativen. In der

Phase der *Umsetzung* geht es um die Legitimation des Entscheids bei den Betroffenen und die Vermittlung der für die Umsetzung relevanten Informationen (z. B. die Dienstanweisungen für das mit der Umsetzung betraute Personal).

So kann bei einem Transportunternehmen in der Phase der Sicherstellung der Entscheidungsfähigkeit der regelmässige Kontakt mit den Gemeindebehörden oder auch mit den Kundinnen und Kunden die Akzeptanz späterer Entscheide (z. B. zur Einstellung von Strecken wegen Unterauslastung) steigern. Die Kommunikation mit Marktteilnehmenden kann die Entscheidungsnotwendigkeit für eine Umstellung des Angebots (z. B. mit neuen Fahrplanzeiten) erkennbar machen. Die interne Kommunikation (z. B. mit Personalvertretern) ist nötig, um etwaige alternative Fahrplanangebote zu entwickeln, die andere Fahrzeugumläufe und Personaleinsätze erfordern. Bei der Auswahl zwischen den alternativen Fahrplanangeboten braucht es wiederum einen Austausch mit Gemeinden und Kundenvertretern zur Gewinnung der notwendigen Informationen. Der neue Fahrplan muss schliesslich nach innen und aussen kommunikativ erklärt und mit klaren internen Informationen und Dienstplänen umgesetzt werden.

2.2.2 Herausforderung von Entscheiden in Organisationen

Entscheide in Organisationen werden von Individuen und Gruppen auf verschiedenen Fach- und Führungsebenen gefällt. Sie haben nicht nur Wirkungen auf den jeweiligen Sachverhalt (z. B. eine Einkaufsentscheidung innerhalb des Beschaffungswesens), sondern sie haben auch Auswirkungen auf andere Unternehmensbereiche (z. B. bei Problemen mit einem Lieferanten auf die Produktion) und auf die Unternehmensumwelt mit ihren Anspruchsgruppen (z. B. die Beschäftigungssituation bei einem Lieferanten und seiner Region). Sie wirken zudem über verschiedene Zeithorizonte. So wird durch falsche Investitionsentscheide das aktuelle Vermögen geschädigt. Es wird aber auch die Entwicklungsfähigkeit des Unternehmens eingeschränkt, was sich wiederum auf Mitarbeitende und Region auswirkt. Dies ist z. B. der Fall, wenn eine Produktionsunternehmung vor einer Rezession massiv in Geschäftsliegenschaften investiert, die an Wert verlieren, oder wenn durch einen strategischen Entscheid Investitionen in die Implementierung einer neuen Technologie unterbleiben.

Oft können auch scheinbar kleine Entscheide eine grosse strategische Auswirkung haben: Wenn z. B. eine Tochtergesellschaft in einem scheinbaren Nebenmarkt im Ausland eine Kooperation mit einem Unternehmen eingeht, das später in einen Korruptionsskandal verwickelt wird. Dann können damit die Reputation der ganzen Unternehmung weltweit in Mitleidenschaft gezogen und massive Finanz- und Managementressourcen für die Bewältigung der Krise absorbiert werden.

Entscheide in Organisationen unterliegen der Ungewissheit. Das heisst, im Zeitpunkt der Entscheidung lassen sich nicht alle möglichen Folgen abschätzen und mitunter auch nicht alle möglichen Alternativen erheben, insbesondere wenn unter Zeitdruck zu entscheiden ist. Erst im Nachhinein zeigt sich, ob der Entscheid zum Erfolg beigetragen hat, oder ob doch eine Alternative erfolgreicher gewesen wäre. Hinzukommt, dass eine gewählte Alternative das Unternehmen zwar seinem Ziel näherbringt, aber gleichzeitig auch Nebeneffekte hervorbringt, die nicht oder nicht ausreichend absehbar sind. Mit anderen Worten: Entscheide betreffen immer die Zukunft, deren Entwicklung schwer vorhersehbar ist. Dies lässt sich an einem Beispiel des Human-Resources-Managements (HRM) illustrieren. Moderne datengestützte HR-Instrumente dominieren in vielen Firmen die Rekrutierungsprozesse. Mit der Auswertung von psychografischen Daten sowie Informationen aus den Lebensläufen wird auf Grund von Mustern, die man bei erfolgreichen Mitarbeitenden identifiziert hat, entschieden, ob eine Persönlichkeit zum Unternehmen bzw. zur Position passt. Dabei wird der sogenannte Alpha-Fehler minimiert, nämlich dass Personen eingestellt werden, die in der Aufgabe nicht erfolgreich sind. Je mehr jedoch in einem Selektionsverfahren der Alpha-Fehler minimiert wird, desto grösser wird der sogenannte Beta-Fehler, dass Personen, die eigentlich ebenso erfolgreich sein könnten, nicht rekrutiert werden.

Im vorherigen Abschnitt wurde erläutert, dass Entscheidungen grundsätzlich von Unsicherheit geprägt sind. Entscheidungen dienen dazu, Gewissheiten herbeizuführen, indem sich die Unternehmung für eine und damit gegen andere Alternativen ausgesprochen hat. Solche Gewissheiten sind zentral für die Wertschöpfung, weil sie die notwendige Stabilität für die Prozesse und Orientierung für die Beteiligten sichern. Umgekehrt muss eine erfolgreiche Organisation auch Risiken eingehen, sich also ein Stück in die Ungewissheit wagen, um neue Produkte zu entwickeln, Märkte zu erschliessen oder neue Technologien hervorzubringen.

Gewissheit für die derzeitige Wertschöpfung versus Erschliessung von künftigen Erfolgspotentialen stellt ein typisches Dilemma bei Managemententscheiden dar (vgl. auch Kap. 3.7). Je mehr Sicherheit angestrebt wird, desto mehr Chancen werden vergeben. Unternehmerische Entwicklung kann nur stattfinden, wenn Risiken in Kauf genommen werden. Dies ist auch die Grundlage des Schumpeterschen Wachstumsmodells (vgl. Schumpeter, 1911). Vereinfacht geht Schumpeter davon aus, dass Innovationen (Realisation von Neuerungen am Markt) von Unternehmerinnen und Unternehmern getätigt werden. Diese werden für ihre Risiken durch zusätzliche Gewinne aus den Innovationen entschädigt. Innovationen werden in der Imitationsphase von anderen Unternehmen kopiert, was die wirtschaftliche Entwicklung der Branche weiter fördert (Schumpetersches Wachstum). Dieser Prozess der wirtschaftlichen Entwicklung, bei dem alte Produkte und Prozesse ständig durch neue ersetzt werden, wird auch als schöpferische Zerstörung bezeichnet. Innerhalb von Organisationen braucht es immer Persönlichkeiten, die innovative und unternehmerische Entscheide treffen, damit Entwicklungschancen wahrgenommen werden können.

Riskante unternehmerische Entscheide zu treffen, ist eine wirtschaftliche Notwendigkeit, die auch in der gerichtlichen Beurteilung von fehlerhaften Managemententscheidungen respektiert wird. Massstab für eine rechtliche Beurteilung von Managemententscheiden sind heute sehr stark formale und prozessuale Kriterien (Müller, Lipp & Plüss, 2014, S. 39). Massgebend ist heute die aus den USA stammende «Business Judgement Rule». Im Wesentlichen verlangt diese Regel (Gauch, 2018; Müller et al., 2014),

- dass Entscheide innerhalb des rechtlichen Rahmens, d. h. innerhalb der Kompetenzen des eigenen Organs und innerhalb des Rechts gefällt werden;
- dass die Entscheidenden frei von Interessenkonflikten handeln;
- dass alle notwendigen Informationen eingeholt werden;
- dass Alternativen (dazu gehört auch eine Null-Alternative, wonach gar nichts gemacht wird) abgewogen werden.

Das bedeutet z. B. bei Unternehmen wie einer Fluggesellschaft oder einer Hotelgruppe, die besonders von einer Pandemie getroffen werden, dass bei der Sicherung der überlebensnotwendigen Liquidität,

- der Verwaltungsrat (VR) nur die Alternativen wählen kann, für die er selbst die Kompetenzen hat (er kann z. B. nicht ohne Zustimmung der Aktionäre neues Aktienkapital ausgeben);
- VR-Mitglieder mit Interessenbindung in den Ausstand treten müssen (Bankvertreter dürfen z. B. beim Entscheid über Kredite von dieser Bank nicht mitentscheiden);
- die Liquiditätsplanung auf den verfügbaren Informationen zur Pandemie aufgebaut werden muss (z. B. auf Prognosen zum weiteren Verlauf der Pandemie);

- Alternativen wie zusätzliche Bankkredite, der Verkauf von Unternehmensteilen oder die Ausgabe einer Obligationenanleihe unter kurzfristigen (z. B. Kosten für Bankkredite) und langfristigen (z. B. Vergabe von strategischen Entwicklungsoptionen durch Verkauf von Unternehmensteilen) Gesichtspunkten abgewogen werden.

Im Wesentlichen geht es also darum, dass Managemententscheide fach- und sachgerecht innerhalb der Sorgfaltspflicht getroffen werden. Deshalb erhält Entscheidungslehre im Rahmen der Managementlehre auch ein zusätzliches, im Zeitalter der Verrechtlichung immer grösser werdendes Gewicht.

2.3 Grundlagen der Entscheidungstheorie

In der Wissenschaft werden Entscheidungen intensiv erforscht. Dabei lässt sich zwischen normativer bzw. präskriptiver und positiver bzw. deskriptiver Forschung unterscheiden. Bei ersterer steht die Frage im Vordergrund, wie Entscheidungen idealerweise getroffen werden sollten. Letztere untersucht dagegen, wie in der Praxis entschieden wird und wie diese Entscheide verbessert werden können (Borcherding, 1983; Rehkugler & Schindel, 1990). Beide Theoriegruppen sind wichtig und zeigen auf ihre je eigene Weise, dass Entscheide häufig nicht entlang von theoretischen Konzepten getroffen werden. In der Praxis spielt z. B. eine Rolle,

- dass der Entscheidungsbedarf bzw. die Entscheidungsnotwendigkeiten oder auch die Informationen im Entscheidungsprozess nicht vollständig Eingang in Entscheidungen finden, sei es bewusst oder unbewusst;
- dass Entscheidungen in Organisationen oft nicht von Einzelpersonen, sondern in Gruppen getroffen werden. Damit sind unterschiedliche Perspektiven, Interessen und Arbeitsweisen zu berücksichtigen. Auch kann gerade in eingespielten Gruppen eine Eigendynamik entstehen, durch die ein Entscheidungsprozess beeinflusst wird. So kann z. B. Harmoniestreben und Konfliktvermeidung über einen sachlich kontroversen Austausch und Entscheidungsprozess gestellt werden («Groupthink», s. Russell, Hawthorne & Buchak, 2014);
- dass Entscheidungen gerade in Organisationen vielfach routinisiert ablaufen, also nach eingeschliffenen Schemata und Abfolgen

geschehen. Solche Routinisierungen sind ressourcenschonend und schaffen Erwartbarkeit: In einer Organisation wissen z. B. alle Beteiligten aus Erfahrung, wie die Rekrutierung von Mitarbeitenden erfolgt und wer zu welcher Frage an welcher Stelle eine Entscheidung beiträgt. Gleichzeitig können diese bei sich wandelnden Bedingungen (z. B. veränderte Informationsgewohnheiten bei potenziellen Mitarbeitenden, die statt einer Zeitung soziale Medien präferieren) eine erfolgreiche Entscheidfindung aber auch erschweren (Rüegg-Stürm & Grand, 2020, S. 177).

Diese Punkte illustrieren, dass Entscheidungen in Organisationen keine triviale Angelegenheit sind, sondern einer laufenden Beobachtung und Bearbeitung bedürfen sowohl mithilfe präskriptiver wie auch deskriptiver Entscheidungsforschung. Aus dieser Forschung sind eine Vielzahl unterschiedlicher Entscheidungstheorien hervorgegangen, wie z. B. das rationale, nutzenmaximierende Entscheiden, das in der Mikroökonomie eine zentrale Rolle spielt (vgl. Kolmar, 2017). Andere Entscheidungstheorien gehen z. B. darauf ein, dass Entscheider nicht über vollständige Informationen zu den möglichen Alternativen oder zu den Folgen von Entscheidungen verfügen (Simon, 1947). Wieder andere Theorien fokussieren darauf, wie unterschiedliche Akteure miteinander zu Entscheidungen kommen, sei dies in der Politik oder in anderen Verhandlungssituationen (Lindblom, 1959). Darüber hinaus gibt es Theorien, welche die Zufälligkeit von Entscheidungen thematisieren (Cohen, March & Olsen, 1972), während andere Theorien Entscheidungen als Prozess im Zeitverlauf betrachten (Mintzberg, Raisinghani & Théorêt, 1976). Diese Beispiele illustrieren die Vielfalt in den Entscheidungstheorien.

Statt diese Theorien weiter auszuführen, werden mit Blick auf die praktische Anwendung drei Typen von Problemen unterschieden: Einfache, komplizierte und komplexe Probleme (vgl. auch Probst & Gomez, 1991). Die normative Entscheidungstheorie unterscheidet dementsprechend auch drei Typen von Entscheidungen (Abbildung 2-2).

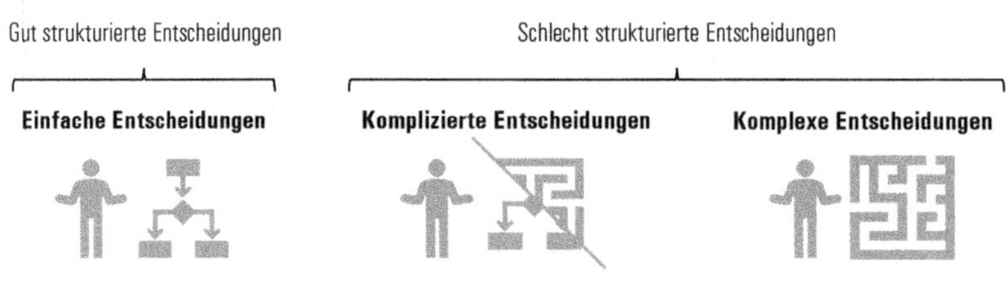

Abbildung 2-2: Unterschiedliche Entscheidungstypen

2.3.1 Einfache Entscheidungen

Bei gut strukturierten oder einfachen Entscheidungen sind folgende Bedingungen gegeben (vgl. z. B. Laux, Gillenkirch & Schenk-Mathes, 2018; Heinen, 1968):

- Nutzenmaximierendes Verhalten in einem klar definierten Zielsystem
- Bekannte Handlungsalternativen
- Vorliegende Informationen über die Wirkung des Einsatzes der verschiedenen Handlungsalternativen (d. h. des eigentlichen Ergebnisses)
- Das Bestehen von Entscheidungsregeln für die Wahl der Alternative (Lösungsalgorithmen)

Eine solche Situation ist z. B. gegeben, wenn ein Entscheid über einen logistischen Auslieferungsplan zu treffen ist, wenn also z. B. zehn Lieferwagen so einzusetzen sind, dass 50 Standorte mit unterschiedlichen Bestellmengen optimal bedient werden können. Hier können verschiedene Alternativen, z. B. verschieden Routen, aber auch verschiedene Systeme der Einsatzplanung (Vorausplanung für eine Woche oder kurzfristige dispositive Planung über den ganzen Tag mit Umplanung der Routen) definiert werden. Es können die Konsequenzen dieser Belieferungspläne berechnet oder mindestens über statistische Verfahren geschätzt werden. Das Zielsystem ist klar: Es geht in einem solchen Fall um möglichst geringe Bedienungskosten (Fahrzeug, Kilometer und Fahrerstunden). Damit sind auch die Präferenzen und Entscheidungsregeln einfach und klar.

2.3.2 Komplizierte Entscheidungen

In der unternehmerischen Praxis ist oft eine der oben erwähnten Bedingungen nicht gegeben. Man steht vor einer komplizierten Entscheidung, die u. a. geprägt sein kann durch folgende Faktoren (in Anlehnung an Laux et al., 2018):

- Das Abweichen von einer ökonomischen Nutzenmaximierung (weil z. B. nicht alle Alternativen bekannt sind oder auch nichtrationale Kriterien in die Entscheidungsfindung einfliessen)
- Eine Limitierung der Informationen und auch der kognitiven Fähigkeiten zu deren Verarbeitung («Bounded Rationality», s. Simon, 1947)

Aufgrund dieser Eigenschaften gehen solche Entscheidungen mit erhöhter Ungewissheit einher. Ein Beispiel dafür ist der Kauf eines Autos: Oft wird dabei nicht nur auf ökonomische Optimierungskriterien (z. B. Inhalt des Kofferraumes, Betriebskosten pro Kilometer) geachtet, sondern es werden auch Aspekte wie Image und Persönlichkeit einbezogen. Zudem wirken Gruppeneffekte, wenn z. B. ein Fahrzeugtyp in sozialen Referenzgruppen besonders beliebt ist. Die entscheidende Person verfügt ausserdem oft nicht über ausreichende Informationen (z. B. über die langfristigen Wartungskosten), obwohl hier verschiedene transparenzfördernde Mechanismen wie Konsumentenschutz oder Automobilverbände die Informationslage zu verbessern versuchen. Meist fehlen auch die kognitiven Fähigkeiten, um all die verschiedenen Informationen (objektive und subjektive Informationen über Prestige, ökonomische Daten wie Fahrkosten, Leistungsdaten, usw.) in eine sinnvolle Entscheidungsregel umzuformen. Darüber hinaus ist die für rationale Entscheidfindung vorausgesetzte Entscheidungsregel oft nicht eindeutig definiert.

2.3.3 Komplexe Entscheidungen

Komplexe Entscheide sind wie folgt gekennzeichnet (vgl. z. B. Laux et al., 2018):

- In einer sich verändernden Umwelt sind die Alternativen nicht sichtbar oder verändern sich ständig, entwickeln sich neu und verschwinden wieder.
- Die Auswirkungen von Alternativen sind oft nicht klar (z. B. weil sie vom Verhalten von anderen abhängen und durch einen sich verändernden Kontext beeinflusst werden, sodass schwer berechenbare Rückkopplungen über verschiedene Teilsysteme bestehen und mehrere Runden berücksichtig werden müssen).
- Die Ziele verändern sich laufend (weil z. B. auf Grund der veränderten Umwelt die Betroffenen auch ihre Prioritäten verändern).

Ein typisches Beispiel für komplexe Entscheide ist der Entscheid über die Planung eines neuen Stadtquartiers. Die Varianten zu dessen Ausgestaltung hängen davon ab, was andere Akteure (z. B. die Verantwortlichen und Eigentümer benachbarter Parzellen) machen oder auch welche übergeordneten Regulierungen (Änderung von Zonenplänen, Bauordnungen, usw.) existieren. Die Folgen einer Bebauung lassen sich aufgrund des sozialen Verhaltens von Menschen, die wiederum in ein offenes System einer gesellschaftlichen Umwelt integriert sind, nicht voraussehen. Wird ein in der Planung optimal erscheinender Standort für ein Restaurant die nötige Atmosphäre aufweisen und in der Gemeinschaft so verankert sein, dass es genutzt wird? Die Quartier- oder Arealplanung wird über Generationen bestehen. Wie zukünftige Generationen diese beurteilen, lässt sich nicht vorhersehen, weil sich auch die Werthaltungen über Generationen verändern. Die Planung selbst kann ebenfalls Rückkopplungen haben, wenn z. B. betroffene Gruppen politische Prozesse anstossen, die dann wieder zu neuen Regulierungen führen.

2.4 Methoden der Entscheidungstheorie

Für jeden erläuterten Entscheidungstyp existiert eine Vielzahl passender Methoden, die für die Entscheidungsfindung eingesetzt werden können. Nachfolgend werden ausgewählte Beispiele vorgestellt.

2.4.1 Einfache Entscheidungen

Einfache Entscheidungen zeichnen sich, wie oben erwähnt, durch klare Zielsetzungen und bekannte Handlungsalternativen aus. Es geht damit im Wesentlichen darum, die verschiedenen Alternativen bezüglich des Beitrags zu einer Zielsetzung zu beurteilen. Es gibt einen «Lösungsalgorithmus». Ein Beispiel dafür ist das Beurteilen von Investitionsalternativen anhand von Kennzahlen wie der Kapitelrendite (Return on Investment, ROI). Die möglichen Folgen der verschiedenen Alternativen können dabei sicher (Entscheid unter Sicherheit) oder mit bekannten Wahrscheinlichkeiten behaftet (Entscheid unter Risiko) sein. Sobald es sich um Entscheide mit mehreren (ev. risikobehafteten) Teilentscheiden handelt, bietet sich die Methode des Entscheidungsbaums an (Borgelt & Kruse, 1998).

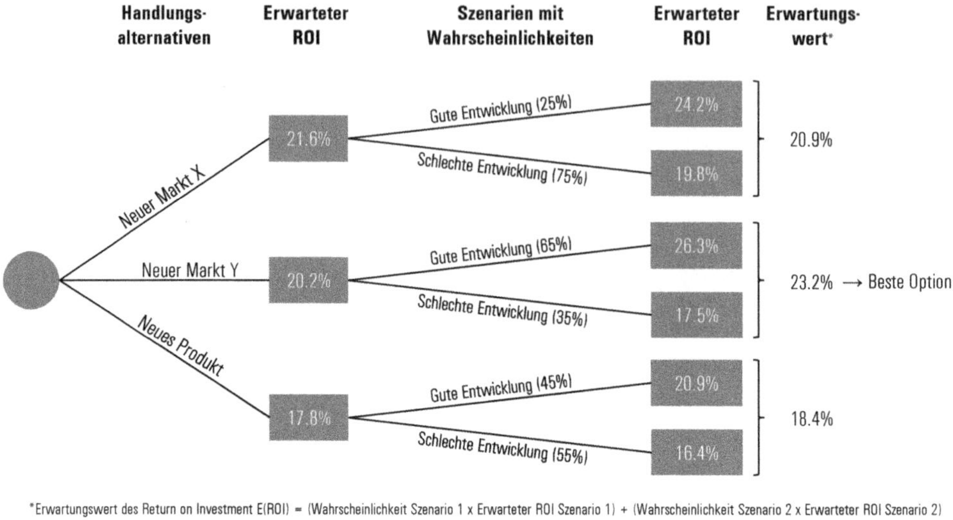

Abbildung 2-3: Beispiel eines Entscheidungsbaums

Bei einem Entscheidungsbaum ist zunächst die «Verästelung» der Handlungsalternativen über mehrere Entscheidungsstufen abzubilden (Abbildung 2-3). Bei einer Wachstumsstrategie gibt es z. B. die beiden Grundmöglichkeiten der Investition in ein neues Produkt oder einen neuen Markt (mit Unteroptionen wie z. B. verschiedene Auslandmärkte; grosses Land oder kleines Land). In einer zweiten Stufe werden die einzelnen Handlungsalternativen der ersten Stufe den gleichen Entwicklungsmöglichkeiten unterworfen (z. B. indem die Investitionsalternativen mit verschiedenen, mit Wahrscheinlichkeit gewichteten, konjunkturellen Szenarien kombiniert werden). Jede Investitionsalternative, Produkt- oder Marktentwicklung wird anders auf diese konjunkturellen Szenarien reagieren. Am Ende geht es darum, den Erwartungswert jedes «Astes» zu berechnen und den Gesamtwert jeder Alternative zu ermitteln. Damit kann die Entscheidungsvariante und Subentscheidung mit dem besten Erwartungswert gewählt werden.

2.4.2 Komplizierte Entscheidungen

In der Situation begrenzter Rationalität bestehen wie erwähnt nicht genügend stabile Informationen. Es sind nicht alle Varianten bekannt und es fehlt eine klare Zielhierarchie zur Auswahl einer Variante. In solchen

Situationen begrenzt rationaler Entscheidungen wird vielfach auf vereinfachende Heuristiken zurückgegriffen. Diese inexakten Verfahren können als «Daumenregeln» verstanden werden, welche als bewährte Entscheidungsmuster sicherstellen, dass der Entscheidungsweg einfach und verständlich ist. Wenn mit vertretbarem Aufwand keine eindeutige Lösung ermittelbar ist, wird daher oft auf Basis von subjektiven Erfahrungen und Mustern entschieden (Thommen & Siepermann, 2018; vgl. auch Heinen, 1968; Auer, 2016). Typische Heuristiken sind die Zergliederung von komplexen Problemen in Subprobleme oder auch «Roll Back Planning», indem vom Ziel her notwendige Massnahmen abgeleitet werden. Trotz (oder vielleicht gerade wegen) dieser häufig angewendeten Heuristiken, ist die Transparenz des Entscheidungsweges und dessen Nachvollziehbarkeit sehr wichtig (besonders falls es später zu einer gerichtlichen oder öffentlichen Beurteilung kommt). So sind angewendete Entscheidungshilfen wie «first come, first served» zwar sehr nützlich, um die Entscheidungskapazitäten im Management für andere Fragen freizuhalten. Sie müssen bei wichtigen Entscheidungen aber auch entsprechend begründet und dokumentiert werden.

	Risiko*	Potenzial	
Person 1	30%	70%	→ Beste Option weil kleinstes Risiko
Person 2	50%	40%	
Person 3	60%	90%	

*z.B. aufgrund des Vorwissens/der Erfahrung

Abbildung 2-4: Beispiel einer Anwendung der Minimax-Regel

Ein Verfahren, das zwischen analytischen Lösungsalgorithmen und Heuristiken liegt, ist die (pessimistische) Minimax Regel, wonach das mindestens zu erwartende Ergebnis maximiert wird (vgl. Gäfgen, 1968). Negativ formuliert wird dabei die Variante gewählt, von der man den kleinsten maximal möglichen Verlust erwartet. Wenn z. B. drei Kandidatinnen oder Kandidaten für eine Position im Management zur Verfügung stehen, dann wählt man die Person, von der man am meisten weiss und mit der man aufgrund von Erfahrung das kleinste Risiko bzw. den kleinsten möglichen Schaden erwartet (Abbildung 2-4). Dabei wird nicht nach der besten Variante optimiert. Eine riskantere Wahl hätte vielleicht viel mehr Potenzial und würde der Unternehmung möglicherweise viel mehr nützen, aber aufgrund von geringeren Informationen über die Person ein gesteigertes Risiko mit einem grösseren Schadenspotenzial mit sich bringen.

2.4.3 Komplexe Entscheidungen

Wie erwähnt sind komplexe Entscheidungen geprägt durch eine hohe Ungewissheit bezüglich möglicher Alternativen, einer sich verändernden Umwelt oder auch mit Blick auf Folgen und Nebeneffekte. Methoden für solche Entscheide berücksichtigen stärker das Verhalten anderer Akteure oder der Umweltentwicklungen. Ein Beispiel dafür ist die Reaktion von Unternehmen in einer Pandemie. Eine solche Krise erfordert komplexe Entscheidungen, unter anderem weil auch viele andere relevante Akteure teilweise schwer abschätzbare Entscheide treffen und damit auf Entscheidungen reagieren, welche diese so wiederum beeinflussen. Dies geschieht sowohl im Marktumfeld wie auch auf anderen Systemebenen wie der Politik, der Medizin sowie im Sozialverhalten.

In solch einer dynamischen, ungewissen Situation setzen Unternehmen Szenariotechniken ein. Szenarien sind mögliche Zukunftsbilder für die Organisation und deren Umfeld und basieren auf hypothetischen Ereignisabfolgen. So kann z. B. eine Airline verschiedene mögliche Entwicklungen des Luftverkehrs mit Blick auf die mögliche Dauer der Krise und potenzielle Entwicklungen des Geschäftsreiseverkehrs nach der Krise skizzieren. So lassen sich z. B. tabellarisch verschiedene Szenarien kombinieren und vergleichen (Abbildung 2-5).

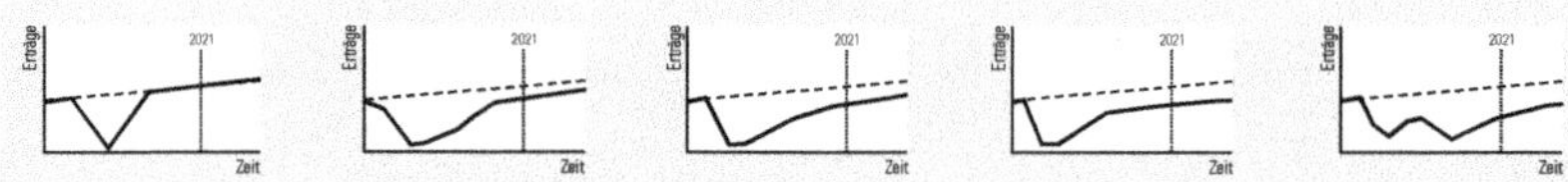

Szenario	Rapide Rückkehr (V-Form)	Langsamer, aber Erholung im 2020 (U-Form)	Graduelle Erholung erstreckt sich ins 2021 (verlängerte U-Form)	Struktureller Wandel; Industrie-Wachstumsrate ist reduziert (L-Form)	Doppel-Einbruch; Erholung erstreckt sich ins 2021 (W-Form)
Wahrscheinlichkeit	Niedrig	Mittel	Hoch	Mittel	Mittel
Erholungszeit (geschätzt)	~ 3–6 Monate	~ 6–9 Monate	~ 12–18 Monate	~ 12 Monate	~ 12–18 Monate
Virus-Verbreitung	Rasche Eindämmung	Sukzessiver Fall neuer Inzidenzen und Todesfälle	Langsamer, sukzessiver Fall neuer Inzidenzen und Todesfälle	Langsamer, sukzessiver Fall neuer Inzidenzen und Todesfälle	Fall der Inzidenzen und erneuter Anstieg (neue Variante)
Regierungsmassnahmen für die Bevölkerung	Erfolgreiche Eindämmung führt zu gelockerten Massnahmen	Lockdown für mehrere Monate, Reisen werden nicht empfohlen, Grenzen öffnen sich langsam	Lockdown für mehrere Monate, Reisen werden nicht empfohlen, Grenzen öffnen sich langsam	Lockdown für längeren Zeitraum, Reisen werden nicht empfohlen, Grenzen öffnen sich langsam	Massnahmen werden gelockert und wieder verschärft bei Wiederanstieg der Fallzahlen
Konsumentenstimmung und -verhalten	– Freizeit- und Geschäftsverkehr erholt sich schnell – Konsumentenvertrauen erholt sich schnell – Keine strukturelle Änderung des Verhaltens	– Konsumentenvertrauen kehrt schnell zurück – Geschäfts- und Kurzstrecken-Freizeitverkehr erholt sich zuerst, gefolgt von Langstrecken-Freizeitverkehr – Reiseveranstalter fahren ihre Aktivitäten hoch	– Konsumentenvertrauen braucht Zeit, um zurückzukehren – Unternehmen behalten strenge Richtlinien bei – Wirtschaftliche Rezession – Ausfälle von Reiseveranstaltern	– Freizeitreisen nachhaltig wegen Angst reduziert – Neue Arbeitsweisen bleiben bestehen; strenge Richtlinien bleiben bestehen – Wirtschaftliche Depression – Weitverbreitete Ausfälle im Reisevertrieb	Das Vertrauen kehrt kurzfristig zurück, nimmt danach aber für einen längeren Zeitraum ab, da Sicherheitsbedenken fortbestehen

Abbildung 2-5: Fünf Szenarien des Luftverkehrs in der Erholungsphase nach COVID-19 als Beispiel für Szenariotechnik

Quelle: BCG Analyse (Molenaar et al., 2020)

Die Entscheidungsträgerinnen haben verschiedene Möglichkeiten, wie sie mit den Ergebnissen der Szenariotechnik umgehen. Sie können schliesslich für die Auswahl einer Alternative wieder auf eine Heuristik zurückgreifen und sich z. B. auf das schlechteste Szenario einstellen – oder sich bewusst aufgrund von argumentativen Abwägungen auf ein bestimmtes mittleres Szenario ausrichten.

Die Szenario-Technik wird bei komplexen Entscheidungen mit hoher Ungewissheit in der Umwelt genutzt. Andere Theorien und Instrumente gehen auf die Ungewissheit ein, die daraus resultiert, dass mehrere Akteure mit ihren Entscheidungen aufeinander Bezug nehmen. Ein prominentes Beispiel für solche Situationen, wie sie z. B. in Verhandlungen anzutreffen sind, ist die Spieltheorie (vgl. Kolmar, 2017, S. 185). Die Spieltheorie untersucht Entscheide in Situationen, bei denen die eigene Wahl von erwarteten Reaktionen von Dritten, Wettbewerbern und anderen «Gegenspielern» abhängt. Die Spieltheorie hilft dabei, sowohl einmalige Situationen als auch Interaktionen über mehrere Runden zu untersuchen. Ein Grundmodell der Spieltheorie ist das sogenannte «Prisoners Dilemma» (vgl. Lipton, 1985). In der Grundform werden die Optionen der beiden «Spieler» auf je einer Achse der Matrix aufgelistet (Abbildung 2-6).

		Täter 1	
		Gestehen	Abstreiten
Täter 2	Gestehen	-8 / -8	-10 / 0
	Abstreiten	0 / -10	-1 / -1

Abbildung 2-6: Matrix Prisoner's Dilemma

Dabei geht es darum, wie sich jemand bei einer unklaren Verhaltensweise eines Gegenspielers, hier eines Mittäters, entscheidet. Die Situation ist wie folgt: Zwei verdächtige Täter werden einzeln verhört; sie können nicht miteinander kommunizieren. Gibt einer der beiden die Tat zu und der andere nicht, so gilt der Nicht-Geständige als überführt und erhält die höchste Strafdauer (z. B. 10 Jahre Gefängnis; Nutzen von -10), der Geständige geht als Kronzeuge straffrei aus (Nutzen von 0). Geben beide Verdächtigen die Tat zu, erhalten beide eine hohe Strafe, wegen ihres Geständnisses aber nicht die Höchststrafe (z. B. 8 Jahre Gefängnis; jeweils Nutzen von -8). Leugnen aber beide ihre Tat, dann erhalten beide eine niedrige Strafe, da ihnen nur eine weniger streng bestrafte Tat nachgewiesen werden kann (z. B. 1 Jahr Gefängnis; jeweils Nutzen von -1).

Es ist offensichtlich, dass die optimale Entscheidungsvariante stark von der Einschätzung des Verhaltens des Gegenspielers abhängt. Wenn davon ausgegangen werden muss, dass der andere Verdächtige geständig ist, dann ist die beste Option, ebenfalls zu gestehen. Wenn man annehmen kann, dass der Mittäter schweigt, dann sollte man ebenfalls nicht gestehen. In Spielvariationen über mehrere Runden besteht zusätzlich eine «Sanktionsmöglichkeit», mit der der Mitspieler bestraft werden kann. Wenn sich die Gegenpartei (z. B. ein wichtiger Stakeholder in einer Verhandlungssituation) negativ verhält, dann kann diese Partei in einer nächsten Runde sanktioniert werden. Über mehrere Runden ergibt diese «tit-for-tat»-Strategie ein stabiles Gleichgewicht, das sogenannte Nash-Gleichgewicht (Nash, 1950).

2.5 Voraussetzungen wirksamer organisationaler Entscheidungen

Wie einleitend erwähnt, gibt es für sehr viele Situationen passende Entscheidungsmethoden. Es braucht jedoch für eine erfolgreiche, wirksame Entscheidungspraxis zusätzliche Voraussetzungen. So erwähnen Rüegg-Stürm und Grand (2020, S. 183):

- *Partizipationserwartungen:* Wer hat das Recht, an der Entscheidung mitzuwirken?
- *Dokumentationserfordernisse:* In welcher Form soll die Entscheidung vorgängig aufbereitet werden?
- *Entscheidungsspielraum:* Wie viele Entscheidungsalternativen müssen aufbereitet werden?
- *Zeiterwartungen:* Wie viel Zeit kann und soll aufgewendet werden, um zum Entscheid zu gelangen?
- *Sicherheitsniveau:* Welches Mass an Abklärungen und Analysen ist notwendig für einen verantwortbaren Entscheid?
- *Verbindlichkeit:* Wie erfolgt die kommunikative Autorisierung des Entscheids?

Dabei sind verschiedene Aspekte von Entscheidungssituationen im komplexen Umfeld zu berücksichtigen, die speziell in Bezug auf Kommunikation besondere Anforderungen stellen (vgl. auch Rüegg-Stürm & Grand, 2020):

- Insbesondere stellt sich die Frage, wie mit *widersprüchlichen Erwartungen und Zielen* der verschiedenen am Entscheid beteiligten und vom Entscheid betroffenen Stakeholder umzugehen ist. In den meisten Entscheidungssituationen ist keine Optimierung in Bezug auf alle Ziele möglich. Es bestehen meist klassische Zielkonflikte, z. B. zwischen Servicequalität und (mindestens kurzfristiger) Rendite. Häufig lassen sich diese Zielkonflikte über einen längeren Zeitraum oder mehrere Entwicklungsrunden auflösen. So entstehen bei einer teuren Investition in umweltfreundlichere Verfahren kurzfristig hohe Kosten. Längerfristig können sich über eine ressourcenschonendere Produktion und den damit verbundenen Imagegewinn durchaus Wettbewerbsvorteile auf dem Produkt-, Arbeits- und Kapitalmarkt ergeben.
- Teilweise sind *nicht alle möglichen Alternativen bekannt.* Neue Optionen müssen durch eine aktive Bewirtschaftung der Umwelt als Möglichkeitsraum geschaffen werden. Ein Beispiel dafür ist, wenn in einer Krise wie einer Pandemie ein Unternehmen einen Liquiditätsengpass nicht nur mit klassischen Finanzierungsinstrumenten von Banken, sondern auch mit Mikrokrediten von Kundinnen und Kunden überbrückt.
- Oft sind die *Folgen unklar.* Daher bedarf es einer möglichst umfassenden Erschliessung aller verfügbaren Informationen und Expertisen. Dabei muss ein möglichst diverses Bild und nicht nur eine Bestätigung vorgefasster Meinungen angestrebt werden.
- Häufig gibt es auch eine *Unklarheit bezüglich Entscheidungsmethoden,* mit denen sich die Ziele aller Stakeholder und alle Informationen berücksichtigen lassen. Wichtig sind in solchen Situationen die Akzeptanzsicherung durch Konsensprozesse wie «Runde Tische» und die Kommunikation mit allen Beteiligten – vor allem wenn auch öffentliche Interessen betroffen sind.
- Häufig prägen sich Entscheidungen gegenseitig als Teil eines *gesamten Entscheidungssystems.* Wenn z. B. ein Entscheid über den Standort eines Firmensitzes getroffen wird, dann wird damit auch ein Entscheid über das Rekrutierungspotential von Mitarbeitenden und ein Entscheid über das Image der Unternehmung gefällt. Es braucht damit eine laufende Adjustierung getroffener Entscheide und einen konstanten Dialog mit den anderen Entscheidenden.

2.6 Kommunikation

In Organisationen und besonders bei Entscheidungen ist Kommunikation von zentraler Bedeutung, und zwar in mehrfacher Hinsicht:

- In der *Vorbereitung* von Entscheidungen braucht es Informationen und Auswertungen, um Alternativen zu entwickeln und deren Folgen abzuschätzen. Daran sind in der Regel unterschiedliche Personen und Abteilungen beteiligt, was wiederum deren – kommunikative – Abstimmung erfordert.
- In der *Auswahl und Festlegung einer Alternative* sind in Organisationen oft nicht Einzelpersonen, sondern Gruppen beteiligt, sodass Entscheidungen im Kollektiv kommunikativ «verfertigt» werden müssen (Rüegg-Stürm & Grand, 2020).
- Für die *Umsetzung* einer gewählten Alternative wiederum sind Information, Klärungs- und Überzeugungsarbeit unerlässlich, damit Entscheide akzeptiert und implementiert werden können. Je nach Fragestellung bedeutet dies, Mitarbeitende, Kundinnen, Lieferanten oder andere Anspruchsgruppen kommunikativ einzubinden, damit die Erfolgswahrscheinlichkeit von Entscheidungen steigt.

Zusammengefasst ist Kommunikation sowohl essenziell für die inhaltliche Qualität von Entscheidungen wie auch für deren prozessuale Umsetzung. Bei beidem geht es letztlich darum, dass gerade in komplexen Situationen (mit Zielkonflikten und potenziellen «Gewinnern» und «Verlierern») Entscheide akzeptiert und durchgesetzt werden können. Damit dies gelingt, müssen Entscheide als fair empfunden werden. Nach Rawls (1971) bedarf es dazu der prozeduralen und distributiven Fairness.

- *Prozedurale Fairness* bedingt, dass Entscheidungs-Prozesse von Betroffenen und Dritten als nachvollziehbar und gerecht empfunden werden (Bierhoff & Rohmann, 2011; s. auch Fasciati & Bieger, 2007). Das bedeutet, dass z. B. Beteiligungsverfahren und Mitsprachemöglichkeiten geboten werden. Dabei gilt es, den Partizipationserwartungen gerecht zu werden und eine geeignete Dokumentation des Entscheidungsverfahrens sicherzustellen (auch für eine spätere öffentliche oder gerichtliche Überprüfung). Es ist notwendig, den Entscheidungsspielraum samt klarer, nicht verhandelbarer Grenzen festzulegen. Zudem muss verbindlich definiert werden, wer Entscheide genehmigt und kommuniziert.

- *Distributive Fairness* bedeutet, dass Entscheidungs-Ergebnisse in Bezug auf die Verteilungswirkung als gerecht empfunden werden (Thibaut, Walker, LaTour & Houlden, 1974; s. auch Fasciati & Bieger, 2007). Das bedeutet, dass z. B. gewisse minimale Verteilungslevels nicht unter- oder überschritten werden.

Es ist wichtig zu berücksichtigen, dass es sich bei Fairness um ein Konstrukt der Wahrnehmung handelt. So kann die Leitung einer Organisation im Recht sein, gewisse Entlassungen auszusprechen oder Kundengruppen auszuschliessen. Trotzdem kann das Ergebnis dieses Entscheids von verschiedenen Stakeholdern als illegitim oder unfair betrachtet werden, was die Durchsetzung erschwert oder verunmöglicht.

2.6.1 Organisation von Kommunikation

Für die Sicherstellung hochwertiger Entscheidungen bzw. Entscheidungsprozesse gibt es verschiedene Kommunikationsplattformen, die nach Routinisierung und Formalisierung geordnet werden können (Abbildung 2-7). Diese Plattformen sind nach dem Grad der Formalisierung (informell bis hoch formalisiert und reglementiert) und dem Grad der Routinisierung (Regelmässigkeit, Häufigkeit, Selbstverständlichkeit) unterschiedlich ausgestaltet (Rüegg-Stürm & Grand, 2020, S. 192). Plattformen für den spontanen Austausch oder Kaffeepausen weisen z. B. einen tieferen Grad an Formalisierung und Routinisierung auf, während reglementarische Plattformen wie Verwaltungsratssitzungen stark formalisiert und routinisiert sind. Task Forces (die z. B. während der Pandemie für das Krisenmanagement in Organisationen zum Einsatz kommen) sind zwar stark formalisiert, aber wenig routinisiert, da sie nur in Ausnahmesituationen formiert werden.

Abbildung 2-7: Verschiedene Kommunikationsplattformen in einem Unternehmen
Quelle: Rüegg-Stürm und Grand (2020, S. 192)

Diese verschiedenen Plattformen sind in Bezug auf Teilnehmer und Methodik jeweils unterschiedlich ausgestaltet (vgl. auch Rüegg-Stürm & Grand, 2020, S. 192):

- Formelle *Sitzungen und Workshops* zeichnen sich z. B. durch klare Agenden und Entscheidungsregeln sowie klar definierte Teilnehmerkreise aus.
- *Dialog-Plattformen* können z. B. als Town Hall Meetings mit offener Agenda und Aussprache ohne formelle Entscheidung sowie breiter, weitgehend offener Teilnehmerschaft gestaltet werden. Aber sie können auch als «Runde Tische» konzipiert werden, bei denen Stakeholder-Vertreterinnen nach einem formellen Prozess ausgewählt werden und deren Resultate eine definierte Verbindlichkeit haben. Ein Beispiel wäre die Erweiterung eines Skigebiets, bei der durch Nutzung eines «Runden Tisches» Erwartungen geklärt, Interessen verhandelt und damit spätere Einsprachen vorweggenommen werden.
- *Informelle,* mehr oder weniger regelmässige Begegnungen ohne Traktanden und ohne institutionelle Legitimation wie z. B. Kaffeepausen und Apéros haben meist einen offeneren Teilnehmerkreis und erlauben den unverbindlichen Informations- und Gedankenaustausch.

Neben den genannten Beispielen existiert eine Vielzahl von Methoden, die plattformunabhängig eingesetzt werden können. Verbreitet sind z. B. Metaplan-Techniken (vgl. Habershon, 1993), die durch spezifische Medien (wie Pinnwände für das Deponieren von Ideen und Argumenten oder elektronische Umfragen und Abstimmungen) Meinungen und Stimmungen einholen. Beliebt sind aber auch viele weitere Austauschprozesse mit verschiedenen Regeln wie z. B. World-Cafés, wo mehrere Gruppen nacheinander verschiedene Themen oder Fragestellungen bearbeiten (vgl. Schieffer, Isaacs & Gyllenpalm, 2004).

2.6.2 Funktionsweise von Kommunikation

Kommunikation ist nicht nur in Bezug auf die Einrichtung von Plattformen und Moderationsverfahren, sondern auch im direkten Gespräch von Mensch zu Mensch komplex. Diese Komplexität rührt daher, dass die sendende Person mittels Nachricht einer empfangenden Person Mitteilungen macht. Dabei kann der Sender zwar vermuten, wie die Nachricht beim Empfänger verstanden wird, doch ein bestimmtes Verständnis lässt sich nicht ohne weiteres sicherstellen. Das Modell von Schulz von Thun (1981) bringt dies zum Ausdruck (Abbildung 2-8).

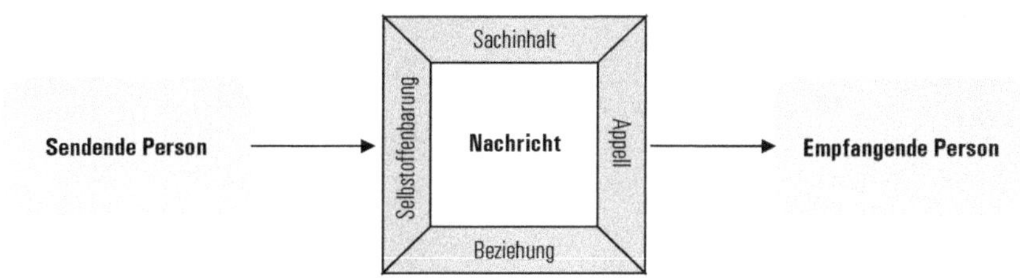

Abbildung 2-8: Vier Seiten einer Nachricht
Quelle: in Anlehnung an Schulz von Thun (1981)

Jede sendende Person codiert ihre Nachricht, d. h. sie wählt die Sprache, die Formulierung, die Gestik, das Umfeld. Die empfangende Person decodiert die Nachricht und interpretiert sie aufgrund der eigenen Erfahrungs- und Bezugswelt. So hat jede Nachricht verschiedene Komponenten (Schulz von Thun, 1981): Sie enthält einen Appell, einen Sachinhalt, eine Selbstoffenbarung und eine Beziehungskomponente. Dies kommt z. B. zum Ausdruck, wenn eine Kritik aufgrund der guten persönlichen Beziehung sehr sanft formuliert wird und die sendende Person (z. B. die kritisierende Vorgesetzte) damit eine Selbstoffenbarung der Wertschätzung mittransportiert.

Aufgrund der grossen Bedeutung der Kommunikation hängt das, was als richtig oder falsch empfunden wird, sehr stark von der wahrgenommenen («konstruierten») Realität der Betroffenen ab. Die kollektiv und kommunikativ geschaffene Realität dominiert vielfach die Wahrnehmung in sozialen Systemen und damit auch die Entscheide. Entsprechend ist der «Konstruktivismus» das dominante Paradigma (das grundlegende Denkmodell) in den Sozialwissenschaften. Gemäss dieser Position der Erkenntnistheorie ist Wissen und Wahrnehmung immer subjektiv konstruiert und niemals objektive Realität (Lindemann, 2019; vgl. auch Kuhn, 1969; Manella, 2003). Damit grenzt sie sich ab von anderen wissenschaftstheoretischen Paradigmen wie z. B. dem Positivismus, der die Haltung vertritt, dass die objektive Realität tatsächlich wahrnehmbar und überprüfbar ist.

Zur Erleichterung der organisationalen Kommunikation gibt es verschiedene Routinen, z. B. Regeln zur Strukturierung von Informationen und Anordnungen. Diese Routinen sind kontextabhängig und setzen für ihr Funktionieren ein verbreitetes Verständnis voraus. In der Wirtschaft finden sich Beispiele wie standardisierte Reporting-Schemata. Ein Beispiel ist auch der Fünf-Punkte-Befehl als Standardstruktur für Kommunikation im Militär (Abbildung 2-9). Diese Form von Kommunikation hat den Vorteil starker Effizienz, bietet aber weniger Spielraum für Varietät. Sanfte Signale können aufgrund der starren Struktur weniger leicht vermittelt werden. Damit erhöht sich die Gefahr gleichgerichteten Denkens. Die Fähigkeit, Alternativen zu sehen oder sanfte Gewichtungen wahrzunehmen, nimmt ab.

1. Orientierung
2. Absicht
3. Aufträge
4. Besondere Anordnungen
5. Standorte

Abbildung 2-9: Der Fünf-Punkte-Befehl der Schweizer Armee

Quelle: Grundschulung der Schweizer Armee (Schweizer Armee, 2017, S. 67)

Kapitel 2: Kernpunkte

- Entscheiden gehört zu den wichtigsten Tätigkeiten des Managements.
- Entscheidungen bedingen eine laufende Arbeit an der Sicherstellung der Entscheidungsfähigkeit. Der Entscheidungsbedarf soll erkannt werden, Entscheide sollen fachlich korrekt getroffen und geeignet umgesetzt werden.
- Entscheide können sich im Nachhinein als fehlerhaft erweisen. Das liegt in der Natur von Entscheidungen, die immer eine unsichere Zukunft betreffen. Das Verhalten von anderen (z. B. Markt, Partner), die Veränderung des Umfelds und auch die Veränderung der eigenen Organisation sind nicht immer vorhersehbar. Umso wichtiger ist es, Entscheidungsregeln im Sinne der «Business Judgement Rule» einzuhalten.
- Entscheidungssituationen können einfach, kompliziert oder komplex sein. Je nach Situation und Entscheidungstyp empfehlen sich unterschiedliche Methoden.
- Entscheidungsprozesse bedingen eine intensive begleitende Kommunikation zur Sicherstellung der Legitimität, der Akzeptanz und der notwendigen Information für die mit der Umsetzung betrauten Personen.
- Für die kommunikative Begleitung von Entscheiden gilt es, Plattformen wie regelmässige Sitzungen oder Workshops zu etablieren und mit geeigneten Methoden wie Metaplan-Techniken oder World-Cafés zu gestalten.

3 Strategie und Entwicklungsmodi

3.1 Fallstudie: Hiag

Die Wurzeln der heutigen Hiag reichen zurück ins Jahr 1876, als sie in Rorschach als Betrieb zum Import und zur Verarbeitung von Holz gegründet wurde. 1924 wird sie nach einer wirtschaftlichen Restrukturierung durch Ernst Schmidheiny in die Holzindustrie AG überführt und anschliessend durch Max Schmidheiny fast 40 Jahre geführt (Alich & Büsser, 2017).

Im Jahr 1965 übernimmt als Resultat einer Nachfolgeregelung Gustav E. Grisard zusammen mit seinem Schwager Jean-Claude Wenger die Führung des traditionsreichen Holzunternehmens. Grisard verfolgt eine Wachstumsstrategie mit externen Zukäufen. Es werden kleinere und mittlere Mitbewerber und Holzproduktespezialisten, wie z. B. der Spanplattenhersteller Novopan-Keller, Bauwerk Parkett oder der Faserplattenhersteller Pavatex, gekauft. Damit erhöht sich der Umsatz von CHF 20–30 Mio. auf fast CHF 900 Mio. Am Schluss umfasst die Holding rund 60 rechtliche Einheiten, wobei mehr als 30 Unternehmen über die gesamte Schweiz verteilt sind (Alich & Büsser, 2017).

Ende des zwanzigsten Jahrhunderts unterliegt die Holzbranche einem tiefgreifenden Strukturwandel. Auf der einen Seite dringen immer mehr internationale Konzerne in das ehemals durch geografische Marktgrenzen geschützte Schweizer Holzgeschäft. So treten z. B. grosse Gruppen aus Österreich und Deutschland in den Markt, die mit ihren riesigen Holzverarbeitungsbetrieben auf Skaleneffekte setzen können. Obwohl der Baustoff Holz auch in der Schweiz vermehrt als Alternative zu Stahl und Beton zum Einsatz kommt, wird das Überleben am hiesigen Produktionsstandort schwierig: Die variablen Kosten der kleinen Schweizer Produktion sind höher als die Vollkosten der Produkte aus dem Ausland; eine Kostenführerschaft ist also nicht möglich.

Im Jahr 2001 wird der promovierte HSG-Absolvent Felix Grisard mit 33 Jahren CEO des Unternehmens. Der «aufgestaute» Strukturwandel drückt derart auf die Ergebnisse der Hiag, dass ein sehr radikaler Strategiewechsel nötig wird, für den aber kaum mehr Zeit bleibt. Die Organisation der Hiag ist kompliziert, die dezentralen Produktionsstandorte sind zu klein bzw. nicht rentabel und in fast allen Handelsaktivitäten kann man sich nicht über den Preis differenzieren. Ein Masterplan wird entwickelt, welcher die folgenden Jahre prägt: Wichtigstes «Asset» sind nun die Immobilien. Die erfolgreiche

Bauwerk Parkett Gruppe wird in eine separate Beteiligung abgespalten. Das restliche Holzgeschäft wird in Holzindustrie und Holzhandel aufgeteilt, saniert und verkauft oder geschlossen.

Über einen Zeitraum von zwölf Jahren baut Felix Grisard das ehemalige Produktionsunternehmen konsequent zu einem Unternehmen mit Fokus auf Immobilienentwicklung um. Im Jahr 2006 führt der Verkauf der Beteiligung an Bauwerk Parkett zu einem bedeutenden Mittelzufluss, was die finanzielle Situation deutlich entspannt. Der Minderheitsaktionär, die Familie Wenger, kann durch den Verkauf finanziell befriedigend ausscheiden und erhält zusätzlich die «letzte» industrielle Beteiligung der Hiag, die Pavatex Gruppe, in ihr Portfolio.

Bis 2008 gelingt es, die ehemaligen «Holzareale» zum grossen Teil Drittmietern zuzuführen. Ab diesem Zeitpunkt macht die Hiag die Entwicklung grosser Industrieareale (auch weiterer Branchen wie der Textil, Metall-, Maschinen- und Papierindustrie) zu ihrem Hauptgeschäft. So gelingt es bis heute mit über 30 ehemaligen Industriearealen, die den Strukturwandel nicht überleben konnten, eine bedeutende, 2.7 Mio. m² grosse «Landbank» aufzubauen. Gegen 80 Prozent des heutigen Portfolios machen zugekaufte Areale «fremder» Branchen aus. Im Jahr 2014 steigt die Hiag aus den letzten Holzhandelsaktivitäten aus, womit die über zwölfjährige Transformation abgeschlossen ist. Im gleichen Jahr gelingt der Hiag als nun reines Immobilienunternehmen der Börsengang.

Heute will die Hiag hohe und überdurchschnittliche Renditen erzielen, indem sie ihre starke Position in der Deutsch- und Westschweiz nutzt und das vielseitig geografisch diversifizierte Immobilienportfolio kontinuierlich entwickelt und erweitert (Hiag Immobilien Holding AG, 2020). So generiert die Unternehmung einerseits kontinuierliche Vermietungseinnahmen und andererseits Wertsteigerungen durch Zukäufe und Arealentwicklungen. Das Unternehmen konzentriert sich auf grosse Industrieareale entlang der Hauptverkehrsachsen. Rund 40 Areale haben eine durchschnittliche Landfläche von 43 000 m². Diese grossen Einheiten erlauben eine Entwicklung aus einer Hand. Arealentwicklung braucht Zeit; deshalb ist das Unternehmen und dessen Portfolio auch auf eine langfristige Perspektive ausgerichtet.

Das professionelle, zunehmend digitalisierte Portfolio- und Assetmanagement, die Entwicklung von Arealen sowie die eigentlichen Transaktionen bilden heute die drei Standbeine der Hiag. Die Unternehmung besitzt mittlerweile Immobilien mit einem Wert von CHF 1.6 Mia., womit sie eine der grössten privaten Immobilieneigentümerinnen der Schweiz ist. Die Herausforderung besteht heute in der erfolgreichen Entwicklung: Die bestehende «Projektpipeline» über die kommenden zehn Jahre hat ein Investitionspotenzial von mehr als dem doppelten des heutigen Unternehmenswerts. Strategie und Organisation sind so zu formulieren und zu gestalten, dass dieser massive Wachstumsschritt erfolgreich umgesetzt werden kann und weiterhin überdurchschnittliche Renditen erzielt werden können.

Eckwerte:

- Der Ursprung des Unternehmens geht auf das Jahr 1876 zurück.
- Das Unternehmen beschäftigt 2020 rund 100 Mitarbeitende.
- Der totale Betriebsertrag beträgt im Jahr 2020 rund CHF 115 Mio.
- Die Hiag Immobilien Holding AG hat Anfang 2021 eine Marktkapitalisierung von rund CHF 900 Mio.

Diskussionsfragen:

A. Welches sind die wichtigsten Triebkräfte des Wettbewerbes, die einen strategischen Wandel vom Holz- zum Immobiliengeschäft erforderlich machen?

B. Welches sind die alten, welches die neuen strategischen Erfolgsfaktoren der Unternehmung?

C. Welches sind die grössten Herausforderungen der heutigen Strategie?

3.2 Verortung von Strategie im St. Galler Management-Modell

Strategien dienen der nachhaltigen Erfolgssicherung. Dies geschieht über die Definition der langfristigen Ziele und des Wegs zu diesen Zielen. Strategien können explizit formuliert oder auch nur implizit erkennbar sein – im Handeln und Entscheiden der Organisation und ihrer Mitglieder. Dabei können Strategien von Führungskräften vorgegeben sein oder aus unteren Hierarchieebenen hervorgehen. Trotz vieler unterschiedlicher Zugänge lassen sich beim Thema Strategie zwei grundsätzliche Dimensionen ausmachen: Beim Strategieinhalt steht die Frage nach dem inhaltlichen Ergebnis im Vordergrund. Beim Strategieprozess geht es um die Frage, wie der Strategieinhalt entwickelt wird.

Strategie ist eines der vier Ordnungsmomente im SGMM (Abbildung 1-1). Die Strategie ist der Struktur vorgelagert, weil die Struktur respektive die Organisation darauf ausgerichtet werden muss, die Realisation einer Strategie zu erleichtern. Chandler (1978, S. 13) formuliert es als «Structure follows Strategy». Struktur und Organisation dürfen nicht Selbstzweck sein, sondern dienen als Instrument zur Umsetzung der Strategie (vgl. Kap. 4.4). Wenn ein Unternehmen z. B. aufgrund eines Wettbewerbsvorteiles wie einer im Ausland stark verankerten Marke das Auslandswachstum forcieren will, dann sollte sich dies in der Organisation der Unternehmung widerspiegeln. Dies kann z. B. in Form von starken Länderorganisationen erfolgen, die sich danach orientieren, welche Auslandsmärkte mit welcher Priorität bearbeitet werden sollen. Die Organisation der Unternehmung würde die einzelnen Ländermärkte dann z. B. in Form von Divisionen oder Hauptabteilungen zum Ausdruck bringen.

Umgekehrt ist die Strategie durch die vom Verwaltungsrat verantwortete Governance vorgesteuert (vgl. Kap. 5.6). Die Governance wirkt strukturierend auf die Einfluss- und Entscheidungsmöglichkeiten verschiedener Verantwortlicher und legt den grundlegenden Zweck und Typus der Organisation fest (Rüegg-Stürm & Grand, 2020, S. 87). Strategie entsteht im Zusammenspiel von Governance (Verwaltungsrat, VR) und Executive Management (Geschäftsleitung, GL). Die Initiative zu strategischen Diskussionen kann von beiden Seiten ausgehen; die Detailbearbeitung und Umsetzung erfolgt meist durch die Geschäftsleitung oder Fachabteilungen, während die Setzung von Schwergewichten, das Fällen von Grundsatzentscheiden, das Hinterfragen der Details und das Monitoring der Umsetzung beim Verwaltungsrat liegt. Strategieprozesse sind also immer durch ein Zusammenspiel zwischen verschiedenen Ebenen (Verwaltungsrat, Geschäftsleitung, Fachabteilung) gekennzeichnet (Abbildung 3-1).

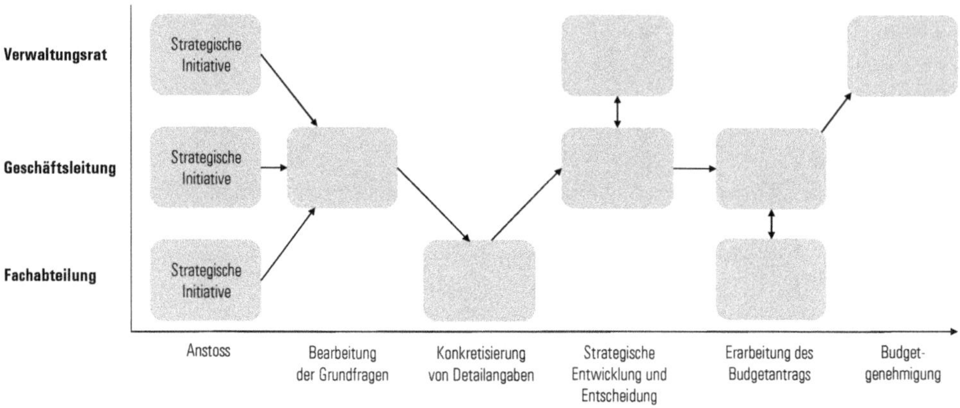

Abbildung 3-1: Mögliche Schritte eines Strategieprozesses im Zusammenspiel der verschiedenen Unternehmensebenen (illustrative Visualisierung)

3.3 Definitionen von Strategie

Der Begriff Strategie kann sehr unterschiedlich definiert werden. So erwähnen Rüegg-Stürm und Grand (2020, S. 89) drei exemplarische Strategie-Definitionen von Chandler, Mintzberg und Rumelt: Chandler (1962, S. 13) beschreibt Strategie als Bestimmung von langfristigen Zielen mit der entsprechenden Anpassung der Vorgehensweise sowie Ressourcenallokation im Lauf der Zeit. Mintzberg (1978, S. 68) versteht Strategie als Muster in einem Strom von Entscheidungen und Handlungen. Rumelt (2011) betrachtet Strategie als die Art und Weise, wie eine Organisation sich vorwärts bewegt und ihre Wertschöpfung weiterentwickelt. So verschieden diese Definitionsansätze sind: Sie alle beschreiben Strategie als Weg, den ein Unternehmen wählt, um seine Ziele zu erreichen.

Insbesondere das Strategieverständnis von Mintzberg (1978) verdeutlicht, dass zwar jede Organisation über eine Strategie verfügt, diese aber nicht zwingend explizit formuliert wurde. Häufig bringen auch historisch gewachsene Muster von Entscheidungen eine implizite Strategie zum Ausdruck. Dies ist z. B. bei einem handwerklichen Bäckereibetrieb der Fall, der über Generationen ein Quartier mit handgemachtem Brot beliefert. Die Bäckerei wird kaum eine ausformulierte Strategie haben, aber der Zielmarkt und die Wege, diesen zu erreichen, sind bekannt. Ihre Wettbewerbsvorteile durch die Verankerung bei den Kundinnen und Kunden im Quartier und ihre Kernkompetenzen in Form qualitativ hochstehender Brotproduktion sind gegeben. Die Entwicklung des Unternehmens und die Handlungen der Organisationsmitglieder sind klar determiniert.

Nach Nickerson und Argyres (2018) zeichnet sich eine strategische Entscheidung bei (profitorientierten) Unternehmen aus durch:

- Langfristigkeit
- Auswirkung auf die Fähigkeit einer Organisation, Wert zu generieren und zu internalisieren
- Allokation von Ressourcen, die teuer sind bzw. nur mit hohen Kosten verändert werden können
- Einbezug der Reaktionen von Rivalen (Konkurrenten) und von verschiedenen relevanten Märkten (z. B. Ressourcenmärkten)
- (Positive) Effekte auf den Return on Investment

In Organisationen können drei Bezugsebenen als «Orientierungsrahmen» (Rüegg-Stürm & Grand, 2020, S. 206) unterschieden werden (s. auch Kap. 1.3.2). Die *normative* Ebene bezieht sich auf die Rolle einer Organisation in der Gesellschaft, auf ihre Werte und Normen (z. B. formuliert als Vision und Mission). Die *strategische* Ebene nimmt das unmittelbare Umfeld der Organisation in den Blick (bei Unternehmen z. B. die Märkte). Hierbei geht es um die längerfristigen Erfolgspotentiale und um die Voraussetzungen für den eigenen Erfolg. Auf *operativer* Ebene steht das Tagesgeschäft im Fokus (z. B. der effiziente Umgang mit Ressourcen oder die interne Abstimmung für eine möglichst reibungslose Leistungserstellung). Damit fügt sich Strategie zwischen den normativen Orientierungsprozessen und den operativen Koordinationsprozessen ein (Abbildung 3-2).

Normative Orientierungsprozesse

- Voraussetzungsreichtum sozialer und ökologischer Ressourcen
- Wertepluralismus, konfligierende Anliegen und Interessen

→ Spezifikation der grundlegenden Wertschöpfung zugunsten der Gesellschaft

→ Klärung handlungsleitender Werte, Normen, Sinnfragen und Verhaltensmaximen

→ Definition von Leitlinien eines fairen Umgangs mit konfligierenden Anliegen und Interessen

Strategische Entwicklungsprozesse

- Komplexität der Umwelt
- Ungewissheit der Zukunft

→ Aufbau von Erfolgsvoraussetzungen zur Erlangung nachhaltiger Wettbewerbsvorteile im Dienst einer langfristigen Zukunftssicherung

Operative Koordinationsprozesse

- Ressourcenknappheit
- Bewältigung von Unerwartetem

→ Stabilisierung der organisationalen Wertschöpfung im betrieblichen Alltag

→ Ausschöpfung vorhandener Ressourcen durch Gewährleistung effizienter Abläufe und Problemlösungsroutinen

Abbildung 3-2: Strategisches Management zwischen normativer und operativer Ebene

Quelle: Rüegg-Stürm und Grand (2020, S. 76)

Normative Orientierungsprozesse geben den Rahmen für strategische Entwicklungsprozesse vor. Auf normativer Ebene wird das Ziel verfolgt, eine Legitimität der Unternehmung in der Gesellschaft und bei den Stakeholdern zu erreichen. Wichtig ist dabei der Unternehmenszweck («Purpose»), der definiert, warum das Unternehmen betrieben wird bzw. warum es existiert (vgl. Bartlett & Ghoshal, 1994). So kann der Zweck einer Fluggesellschaft darin liegen, das Land mit der Welt zu verbinden – ein Zweck, der bei vielen Fluggesellschaften vor allem in der Pionierzeit des Luftverkehrs im Vordergrund stand.

Mit dem Zweck verbunden ist die «*Mission*», die formuliert, was genau erreicht werden soll. Sie wird definiert als beständige Erklärung des Zwecks und offenbart die Produkte oder Dienstleistungen, Märkte oder Kundinnen sowie die Philosophie des Unternehmens (Pearce & David, 1987). So kann es die Mission der erwähnten Fluggesellschaft sein, die Anbindung eines Landes an mindestens drei lukrative Interkontinental-Märkte sicherzustellen. Die «*Vision*» wiederum illustriert das zukunftsorientierte und langfristige Bild eines Unternehmens (Lipton, 1996). Die Vision dieser Fluggesellschaft kann z. B. sein, bezüglich Service zu den besten fünf der Welt zu gehören. Zweck und Mission definieren die grundlegende Wertschöpfung eines Unternehmens zugunsten der Gesellschaft.

Ebenfalls Teil der normativen Orientierungsprozesse ist die Klärung handlungsleitender *Werte und Normen* und die Festlegung grundsätzlicher Verhaltensmaximen. Dazu gehören Grundsätze wie z. B. «unser Unternehmen baut auf der Qualität engagierter Mitarbeiterinnen und Mitarbeiter auf, die die Grundlage für Verlässlichkeit, Sicherheit und Servicequalität sind». Damit verbunden sind auch die Leitlinien eines fairen Umgangs mit divergierenden Anliegen und Interessen von Anspruchsgruppen. Die Klärung der Werte und die Frage des Umgangs mit den Anspruchsgruppen wird häufig in einem Leitbild verankert (Abbildung 3-3).

1. Kundenorientierung	**2. Stellung des Jungfraujoch – Top of Europe im Markt**	**3. Wettbewerbsorientierung, Stakeholder Value**	**4. Wirtschaftlichkeit, Shareholder Value**	**5. Auftritt und Engagement**
Im Mittelpunkt unseres Handelns steht der Gast. Wir orientieren uns an seinen Bedürfnissen und wollen seine Erwartungen übertreffen. Wir wollen die besten Gastgeber der Schweiz sein.	Das Jungfraujoch ist das touristische Aushängeschild der Region. Wir wollen das bekannteste und beliebteste Ausflugsziel der Schweiz sein und international zu den Besten gehören.	Wir handeln immer wettbewerbsorientiert. Dabei respektieren wir die Gesetze und die Grundsätze einer guten Corporate Governance. Wir sind langfristig orientiert, agieren ehrlich, nachhaltig, offen und transparent.	Wir setzen uns wertorientierte Ziele und sind bestrebt, hohe Cashflows zu erzielen. Mit diesen sichern wir den langfristigen Weiterbestand der Gruppe und setzen den freien Anteil für eine Wertsteigerung des Unternehmens und eine marktkonforme Entschädigung der Aktionäre ein.	Unser Erscheinungsbild ist einheitlich. Mit Kreativität und Innovationsgeist erbringen wir Dienstleistungen von hoher Qualität zu einem nachfrageorientierten Preis.
6. Arbeitsklima, Unternehmenskultur	**7. Führung**	**8. Risikomanagement, Sicherheit**	**9. Haltung gegenüber der Umwelt**	**10. Tourismuspolitik**
Wir handeln auf allen Stufen kompetent, zuverlässig, freundlich, zuvorkommend und in gegenseitiger Wertschätzung. Aufgaben, Verantwortung und Kompetenzen delegieren wir deckungsgleich. Wir bieten marktkonforme Entlöhnung, Aus- und Weiterbildung sowie ein gutes Arbeitsumfeld.	Wir führen zielorientiert, fördern Eigeninitiative und Eigenmotivation. Wir betreiben eine aktive Personalplanung. Unsere Führungsinstrumente pflegen wir sorgfältig, mit dem Ziel, eine schlanke und ständig lernende Organisation zu sein.	Wir erkennen und minimieren drohende Risiken durch ein aktives Risikomanagement. Die Sorge um die Gesundheit von Gästen und Personal begleitet uns bei der Arbeit. Wir betrachten die Durchsetzung der Sicherheitsvorschriften als eine wichtige Führungsaufgabe.	Eine einmalige, von der UNESCO als Welterbe qualifizierte Landschaft bildet die wichtigste Grundlage unserer Geschäftstätigkeit. Für uns sind ein intaktes Landschaftsbild und der Schutz von Pflanzen- und Tierwelt von zentraler Bedeutung.	Wir sind uns unserer Einbettung in die Region und der Vernetzung mit anderen touristischen Leistungsträgern bewusst. Tourismuspolitisches Engagement und die Weiterentwicklung der Jungfrau Region sind uns wichtig.

Abbildung 3-3: Leitbild der Jungfraubahnen

Quelle: Jungfraubahn Holding AG (2017)

Operative Koordinationsprozesse dienen der Stabilisierung der organisationalen Wertschöpfung im betrieblichen Alltag. Dazu gehören regelmässige Orientierungs- und Entscheidungssitzungen (z. B. regelmässige Sitzungen zur Einsatzplanung bei einer Fluggesellschaft). Aber auch die Planung und Durchführung von Leistungs- und Unterstützungsprozessen sind Elemente der operativen Koordinationsprozesse (z. B. die Erstellung der Jahresplanung, die sich im Flugplan niederschlägt, oder die Definition und Umsetzung von einzelnen technischen Prozessen wie der Optimierung eines Turnarounds, das heisst des Entladens, Bereitmachens und Wiederbeladens eines gelandeten Flugzeugs). Ziel ist es dabei, die vorhandenen strategischen Ressourcen durch möglichst effiziente Abläufe und Problemlösungsroutinen optimal auszuschöpfen.

Strategische und operative Planung fliessen in den «Business Plan» ein (Abbildung 3-4). In ihm werden die Strategie und die strategischen sowie operativen Massnahmen in einem Mehrjahresplan dargestellt und in einen Finanzplan überführt. Dieser enthält für eine mittelfristige Sicht (etwa fünf Jahre) die geplanten Jahresresultate (Planerfolgsrechnungen) mit den Investitions- und Finanzierungsplänen.

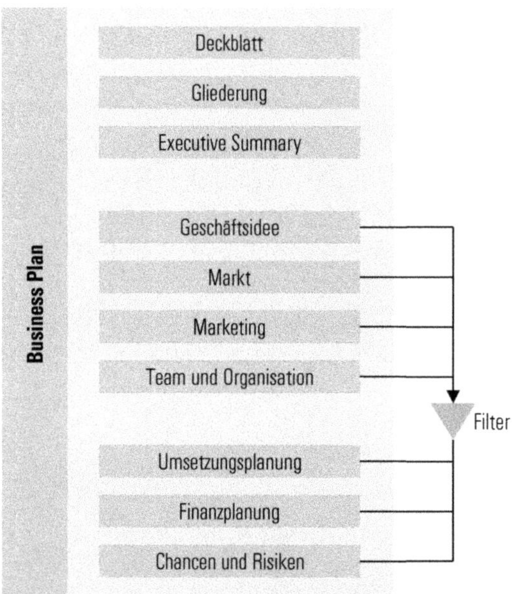

Abbildung 3-4: Typische Gliederung eines Businessplans
Quelle: nach Grichnik, Koropp, Brettel, und Maurer (2017, S. 275)

3.4 Strategie-Inhalt

Wenn eine Strategie explizit entwickelt oder eine implizite Strategie beschrieben wird, finden sich in der Forschung und der Praxis immer wieder ähnliche Elemente: So nennt das SGMM verschiedene Gestaltungsfelder, die zu einer Strategie gehören (Rüegg-Stürm & Grand, 2020, S. 88): Aus den Veränderungen in der Umwelt einer Organisation (z. B. Marktentwicklung) sowie den Erwartungen von wichtigen Anspruchsgruppen (z. B. Kunden und Lieferanten) ergeben sich Anforderungen an das Leistungsangebot, also an die Produkte oder Dienstleistungen, die ein Unternehmen anbietet und mit denen es erfolgreich sein will. Diese Gestaltungsfelder werden jeweils als Teil einer Strategie analysiert und mit Blick darauf beurteilt, wie sie zur Positionierung des Unternehmens in ihrem Umfeld beitragen. Das Leistungsangebot einer Unternehmung wird durch die Leistungserstellungsprozesse erbracht. Bei diesen Prozessen stellt sich die Frage, welche Aspekte das Unternehmen selbst erbringt und welche Elemente es über Zulieferer zukauft («make or buy»). Um dies zu entscheiden, muss das Unternehmen die eigenen Fähigkeiten einschätzen. Für die Leistungserstellungsprozesse sind Ressourcen wie Material, Technologie und Expertise von Mitarbeitenden erforderlich.

Auch in der Diskussion um Geschäftsmodelle («Business Models») finden sich immer wieder ähnliche Elemente. Ein Geschäftsmodell kann definiert werden als der umfassende Plan, der die Geschäftsprozesse, also Leistungserstellungs-, Leistungsinnovations- und Kundenprozesse integriert und oft unternehmensübergreifend optimiert (Belz & Bieger, 2000; Gassmann, Frankenberger & Csik, 2014). Standardraster («Frameworks») zur Beschreibung von Geschäftsmodellen adressieren dieselben Grundfragen wie die Strategie-Entwicklung (Abbildung 3-5): Wie wird Wert geschaffen? Für wen wird dieser Wert geschaffen? Wie wird dieser Wert internalisiert? Es besteht damit eine enge Beziehung zu Strategie-Elementen wie Marktposition, Kernkompetenzen und Entwicklungsmodus.

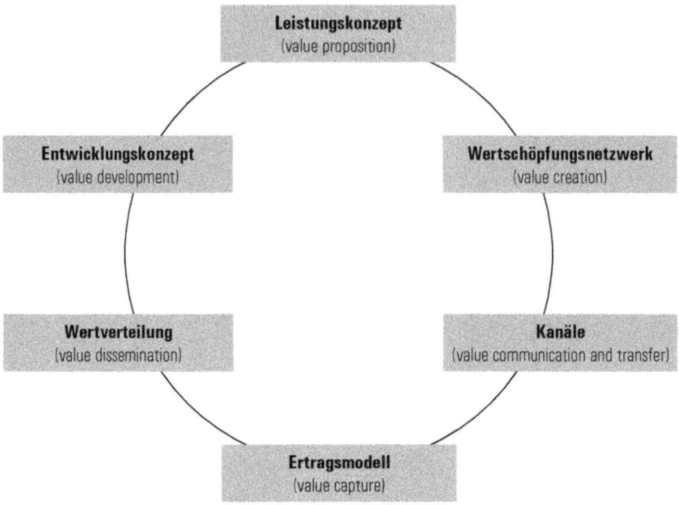

Abbildung 3-5: Elemente eines Geschäftsmodells
Quelle: Bieger und Reinhold (2011, S. 33)

3.4.1 Wettbewerbsvorteile

Ziel der strategischen Entwicklungsprozesse ist es, nachhaltige Wettbewerbsvorteile zu schaffen und somit Wettbewerbsfähigkeit sicherzustellen und zu steigern. Wettbewerbsfähigkeit kann vereinfacht definiert werden als notwendige Voraussetzung für die Erzielung ausreichender Wertschöpfung (Bieger, 2019). Dabei stehen die meisten Organisationen und Unternehmen in einem Wettbewerb. Sie konkurrieren direkt mit anderen Anbietenden (z. B. auf dem Absatzmarkt) oder Nachfragenden (z. B. auf dem Personalmarkt) und indirekt mit Organisationen aus anderen Branchen um Ressourcen wie Finanzen oder öffentliche Aufmerksamkeit (z. B. als Kulturbetrieb, der im Wettbewerb um Subventionen mit anderen staatlichen Aufgaben wie Bildung steht).

Nachhaltige Wettbewerbsvorteile bedingen die Schaffung und Nutzung schützbarer Marktpositionen. Im vollständigen Wettbewerb ist es theoretisch nicht möglich, über die direkten Kapitalkosten hinaus Gewinne zu erzielen (vgl. Kolmar, 2017, S. 61). Gewinne respektive Gewinnaussichten, die über die normalen Kapitalkosten hinaus gehen, sind jedoch notwendig, um Bereitschaft zur Übernahme von Innovationsrisiken zu schaffen. Innovation und Entwicklung setzt Gewinne voraus und Gewinne wiederum setzen schützbare Marktpositionen voraus. Dies ist nicht zuletzt auch der Grund, weshalb der Staat in vielen Sektoren über Patent- und Markenregistrierungen die Schaffung von schützbaren Marktpositionen ermöglicht. Nur wenn ein Unternehmen, das z. B. markant in die Erforschung neuer Medikamente investiert, Innovationen durch ein Patent schützen darf, kann es die notwendigen Gewinne erzielen, die für das eingegangene Risiko entschädigen und künftige Forschung ermöglichen.

Wettbewerbsvorteile lassen sich im Markt entsprechend einer (marktbasierten) Outside-In-Perspektive oder im Unternehmen entsprechend einer (ressourcenbasierten) Inside-Out-Perspektive schaffen (Abbildung 3-6). Penrose (1959) gilt als eine Begründerin der ressourcenbasierten Perspektive (resource-based view, RBV), wobei dieses Paradigma im Feld der Strategie erst in den 1990er-Jahren mit Barney (1991) dominant wird. Bis in die 1980er-Jahren ist die marktbasierte Sicht (market-based view, MBV) mit ihrem Fokus auf die strategische Positionierung im Markt vorherrschend (z. B. Porter, 1979). Die ressourcenbasierte Theorie wird Ende der 1990er-Jahre gewissermassen «dynamisiert» und mit der Marktperspektive zusammengeführt (vgl. Teece, Pisano & Shuen, 1998). Dies geht einher mit der Erkenntnis, dass Unternehmen dynamische Fähigkeiten brauchen, um im dynamischen Marktumfeld die bestehenden Ressourcen optimal zu nutzen und gleichzeitig neue Ressourcen erschliessen zu können (vgl. auch Optimierung versus Erneuerung und Konzept der organisationalen Ambidextrie, Kap. 3.7).

Abbildung 3-6: Strategien zur Schaffung und Bewahrung von Wettbewerbsvorteilen

Ein schützbarer Wettbewerbsvorteil im Sinne der *Outside-In-Perspektive* ist die bei Kunden verankerte Marke oder Positionierung. Unter Positionierung ist zu verstehen, wie Unternehmen ihr Image und Angebot gestalten, um sich auf bestimmte Art und Weise im Kopf der Verbrauchenden zu platzieren (vgl. Kotler & Keller, 2006). Wenn z. B. ein Ski-Produzent in einer Community von Freeridern als technisch fortschrittlichste Marke verankert ist, dann ist dies eine schützbare Marktposition, die sich in einer verstärkten Zahlungsbereitschaft der Kundinnen und Kunden oder auch in ihrer Mitwirkung am Unternehmen (z. B. mit «Mund-zu-Mund-Propaganda») positiv auswirkt (Palmatier, Kumar & Harmeling, 2018).

Ein schützbarer Wettbewerbsvorteil im Sinne der *Inside-Out-Perspektive* ist die Kernkompetenz einer Unternehmung (Prahalad & Hamel, 1990). Diese kann definiert werden als ein Ressourcenbündel, das wertvoll und selten, kaum imitierbar und nicht substituierbar ist. Wenn ein Unternehmen z. B. in der Lage ist, langfristig innovativere und qualitativ bessere Befestigungsprodukte (Schrauben, Dübel, usw.) für den Bau zu produzieren, weil sie bessere Innovationsprozesse (inkl. Patentierung) und stabile Produktionsprozesse basierend auf jahrelang geschultem und entwickeltem Personal hat, dann ist das eine Kernkompetenz, die wertvoll und kaum imitierbar ist und zudem kaum substituiert werden kann. Beispiele von Kernkompetenzen finden sich in verschiedenen Funktionsbereichen (Abbildung 3-7).

Funktionsbereich	Beschrieb
Marketing	Ermittlung effektiver Bedürfnisse, Gestaltung der Beziehungen zu Kunden, Absatz der hergestellten Produkte
Supply-Management	Beschaffung und Lagerhaltung von Repetierfaktoren
Produktionsmanagement	Bearbeitung und Verarbeitung von Repetierfaktoren, Einsatz von Potenzialfaktoren
Forschung und Entwicklung	Systematische Aktivitäten zur Entwicklung neuer Produktionsprozesse
Rechnungswesen	Erfassung und Auswertung des betrieblichen Umsatzprozesses, bei dem marktfähige Leistungen erstellt werden
Finanzierung	Beschaffung, Einsatz und Rückzahlung von Kapital
Investition	Beschaffung von Potenzialfaktoren oder Finanzbeteiligungen
Personalmanagement	Beschaffung, Betreuung und Freistellung von Mitarbeitenden
Organisation	Sinnvolle Gliederung und Abstimmung der betrieblichen Tätigkeiten sowie Festlegung der Kommunikation
Wissensmanagement	Erkennung des Potenzials der Ressourcen «Wissen» sowie der Möglichkeiten von Informationstechnologie im Unternehmen
Recht	Einhaltung der gesetzlichen Vorschriften in allen Funktionsbereichen, aber auch Wahrnehmung von Chancen

Abbildung 3-7: Funktionsbereiche als mögliche Quellen von Wettbewerbsvorteilen
Quelle: Thommen et al. (2017, S. 18)

Wettbewerbsvorteile können auch aus industriespezifischen «Economies», d. h. ökonomischen Kräften, entstehen (Abbildung 3-8). So kann eine Unternehmung z. B. einen Wettbewerbsvorteil erreichen, weil sie die grösste Produzentin in einem bestimmten Bereich ist (Skaleneffekte). Über die Lernkurveneffekte ist die Unternehmung zudem in der Lage, im Vergleich zu Mitbewerbern früher zu tieferen Kosten zu produzieren (vgl. auch Kap. 4.4.1).

Name	Wirkung	Beispiel
Skaleneffekte Economies of Scale	Sinkende Durchschnittskosten mit zunehmender Stückzahl	Fliessbandproduktion von standardisierten Autos
Verbundeffekte Economies of Scope	c(a) + c(b) > c(a + b) (a + b im Verbund günstiger)	Gleichzeitige Produktion von Magermilch und Butter
Lern(kurven)effekte Economies of Learning	c'(a) > c'(2a) (c' = Kosten pro Stück)	Notwendige Fallzahlen im Gesundheitswesen
Netz(werk)effekte Economies of Networks	Sinkende Grenzkosten bei steigendem Grenznutzen	Essensbestell-Plattform mit Lieferdienst

Abbildung 3-8: Ökonomische Effekte als Quellen von Wettbewerbsvorteilen

3.4.2 Wettbewerbsstrategien

Das Hauptziel einer Strategie ist die Sicherung der Wettbewerbsfähigkeit. Daher sollte eine Strategie einerseits Wettbewerbsvorteile definieren, die angestrebt, entwickelt und genutzt werden. Andererseits sollte sie aber auch eine Wettbewerbsstrategie festlegen, die auf diese Wettbewerbsvorteile aufbaut. Für die Definition einer generellen Wettbewerbsstrategie hat Porter (1985) einen Systematisierungsansatz entwickelt (Abbildung 3-9). Dieser Ansatz unterscheidet die zwei Dimensionen des angestrebten strategischen Vorteils und des strategischen Zielobjekts. Aus der Matrix resultieren drei verschiedene mögliche Wettbewerbsstrategien, um die strategischen Vorteile zu erreichen:

- Differenzierung gegenüber der Konkurrenz
- Umfassende Kostenführerschaft
- Konzentration auf Schwerpunkte (Besetzung von Nischen)

		Strategischer Vorteil	
		Singularität aus Sicht des Käufers	Kostenvorsprung
Strategisches Zielobjekt	Branchenweit	Differenzierung	Umfassende Kostenführerschaft
	Beschränkung auf ein Segment	Konzentration auf Schwerpunkte	

Abbildung 3-9: Wettbewerbsstrategien nach Porter
Quelle: Porter (1985)

Im Flugbereich verfolgen z. B. Billig-Airlines eine *umfassende Kostenführerschaft*. Dabei werden nicht nur Kosten reduziert in Bezug auf die Leistungsprozesse (minimale Turnaround-Zeiten und Verzicht auf Serviceelemente während des Flugs) oder die Mitarbeitenden (Gehälter), sondern auch in Bezug auf die Zulieferer (es werden Flugplätze mit günstigen Flughafengebühren angeflogen). Diese Kostenorientierung wird auch im Auftritt der Unternehmensleitung gelebt und durch Ideen und «Narrative» (z. B. die einmal aufgekommene Spekulation, ob für die Toilettenbenutzung auf dem Flug eine Gebühr zu zahlen ist) am Leben erhalten. Legacy-Carrier (klassische nationale Fluggesellschaften mit umfangreichem Streckennetz) verfolgen hingegen eine *Differenzierungsstrategie* und betreiben, aufbauend auf einem starken Hub in einem internationalen Wirtschaftszentrum, ein hochqualitatives Netzwerk an Interkontinentalverbindungen. Die dritte mögliche Strategie, die *Konzentration auf Schwerpunkte*, verfolgen Airlines, die sich (z. B. aufgrund ihrer geografischen Lage) auf ein spezifisches Segment konzentrieren. Sie bedienen z. B. regionale Schwerpunkte wie Verbindungen zwischen Europa und Südamerika und besetzen so eine Nische.

Konzentrieren sich Unternehmen nicht auf eine dieser drei möglichen Strategien, laufen sie Gefahr, dass sie mit einer unklaren Strategie (gewissermassen «stuck in the middle») weder kostengünstig operieren noch wirklich Differenzierungsvorteile realisieren können. Im Flugbereich kann hier Air Berlin als Beispiel genannt werden (Eisenring, 2016): Diese Fluggesellschaft hatte nicht die Kostenvorteile einer Billig-Airline, insbesondere auch, weil sie Anschlussflüge zu Interkontinental-Flügen bot und damit komplexe Betriebsoperationen bis und mit Gepäckhandling leisten musste. Sie war aber trotzdem auch keine klassische Netzwerkgesellschaft mit einem starken Interkontinental-Verkehr, der rentabel sein kann. Sie betrieb nur einzelne, relativ isolierte Langstrecken.

Zusammenfassend kann festgehalten werden, dass die Sicherung von nachhaltigen Wettbewerbsvorteilen ein zentrales Element einer Unternehmensstrategie ist. Diese Wettbewerbsvorteile können auf verschiedenen Perspektiven basieren (inside-out, outside-in) und sollten nach Möglichkeit geschützt werden. Darauf aufbauend wird eine generelle Wettbewerbsstrategie festgelegt, die es zu verfolgen gilt. Die drei idealtypischen Wettbewerbsstrategien sind Differenzierung, umfassende Kostenführerschaft und Konzentration auf Schwerpunkte.

3.5 Strategie-Prozess

Zu Beginn der Entwicklung der Strategieforschung wird viel Gewicht auf den Strategieprozess gelegt (vgl. Mintzberg et al., 1976). Eine grosse Bedeutung hat dabei auch die Formulierung des eigentlichen strategischen Problems (vgl. Selznick, 1957). Beim Strategie-Prozess geht es darum, wie eine Strategie entwickelt wird. Einerseits sind mit der Strategieentwicklung die einzelnen Schritte gemeint, mit denen eine Organisation ihre Strategie erstellt. Andererseits ist damit die Art und Weise gemeint, wie diese Schritte bearbeitet werden.

Zu den Schritten in der Entwicklung einer Strategie gehört zunächst die *Analysephase,* in der sowohl das Umfeld, der Markt und der Wettbewerb, sowie die eigene Organisation mit ihren Stärken und Schwächen untersucht werden. Auf Basis der Analyse werden in einem zweiten Schritt *Optionen* für die Zukunft entwickelt und unterschiedliche Möglichkeiten abgeleitet, die sich der Organisation bieten. Aus diesen Optionen wählt das Unternehmen in einem dritten Schritt eine Stossrichtung und konkretisiert die strategische *Positionierung* (vgl. Kap. 3.4). Für die anschliessende *Umsetzung* der Strategie werden die aus der Positionierung resultierenden Umgestaltungen in grössere Projektpakete, sogenannte strategische Initiativen zusammengefasst. Deren Realisierung führt zu organisationalen Veränderungen (vgl. Kap. 3.7). Nach der Umsetzung macht das Unternehmen eine *Erfolgsprüfung,* um zu sehen, ob und wie gut die Strategie funktioniert. Diese Analyseergebnisse fliessen wiederum in den nächsten Zyklus ein, so dass die Strategieentwicklung zu einem kontinuierlichen Prozess wird.

Innerhalb dieser Schritte bezeichnen Nickerson und Argyres (2018, S. 594) die Analysephase oder auch die Problemformulierung gar als Kernaktivität. Sie benennen den Prozess, durch den Organisationen ihre Herausforderungen, Möglichkeiten und Situation bewerten und mögliche zukünftige Szenarien konzeptualisieren, als «Strategizing». In Anlehnung an Felin und Zenger (2016) argumentieren sie, dass dieser Prozess zu Hypothesen führen soll, wie die Organisation Wert kreieren und internalisieren kann. Bei einer Restaurantkette kann das die Fähigkeit sein, dank hoher Flexibilität der Küche rasch Menus an die aktuellen, je nach Wetter und Tageszeit schwankenden Bedürfnisse anzupassen und somit einen Wert für die Kunden zu generieren, der durch höhere Preise internalisiert werden kann. Nickerson und Argyres (2018, S. 559) beschreiben wesentliche Faktoren, die eine sinnvolle und effiziente Strategieentwicklung («Strategizing») hemmen. Diese Faktoren umfassen kognitive, soziologische und politisch-ökonomische Probleme:

- *Kognitive Probleme* entstehen, wenn Gruppenmitglieder unterschiedliche mentale Modelle der Welt pflegen. Wenn sie ihr Modell als zu wenig repräsentiert oder wahrgenommen erfahren, besteht die Gefahr, dass sie ihre Informationen verbergen oder verzerrt wiedergeben.
- *Gruppensoziologisch* besteht das Risiko von «Groupthink» (vgl. Janis, 1982). Wenn die Gruppeninteressen, insbesondere Konformität oder Harmonie, im Vordergrund stehen, dann werden zu wenig konfliktäre Diskurse geführt. Dabei besteht sogar das Risiko, dass – weil die Gruppe oberflächlich betrachtet gut funktioniert («es gibt ja keine Konflikte») – die Gruppe auch ihre Fähigkeit zur Lösung komplexer Probleme überschätzt.
- *Politisch-ökonomische Probleme* entstehen, wenn kein gemeinsames Verständnis für das Problem der Organisation geschaffen werden kann. In diesem Fall haben Gruppenmitglieder ihre eigenen, verborgenen, nicht geäusserten Ansichten des Problems und somit auch individuelle Wahrnehmungen und Bewertungen der Alternativen. Dies führt häufig zu nicht lösbaren Konflikten, da die Mitglieder verschiedene Bewertungskriterien anwenden, um Alternativen zu vergleichen.

All diese Faktoren deuten darauf hin, dass erfolgreiche Strategieentwicklung gewisse Voraussetzungen bedingt. Zum einen braucht es eine breit abgestützte Arbeits- und Entscheidungsfähigkeit der Management-Verantwortlichen (vgl. Kap. 2.5). Darüber hinaus ist eine wertschätzende Zusammenarbeitskultur nötig, die auch die Reflexion des Selbstverständlichen zulässt (Rüegg-Stürm & Grand, 2017). Dafür braucht es Mut und die Mobilisierung kreativer Vorstellungskraft. Zudem braucht es genügend Geduld und Beharrlichkeit, strategische Veränderungen durchzusetzen. Dabei helfen klar definierte Zwischenschritte und -erfolge (Meilensteine).

Neben verschiedenen Erfolgsvoraussetzungen hat die Forschung zur Strategiearbeit auch Muster identifiziert, wie die Strategieentwicklung in Organisationen bearbeitet wird. Kreutzer und Lechner (2009) nennen fünf typische Ansätze (Abbildung 3-10): Der *Kommando-Ansatz* ermöglicht durch eine klare Hierarchie rasche Entscheidungen. Die Formulierung der Strategie findet zentralisiert statt und ist entsprechend von der Implementierung getrennt. Bei der *strategischen Planung* findet die Strategieformulierung zwar ebenfalls zentralisiert statt, allerdings (und im Gegensatz zum Kommando-Ansatz) im Rahmen eines analytischen und formalisierten Prozesses. Bei der *gelenkten Evolution* fliessen schon in einer sehr frühen Phase Ideen und Vorschläge des gesamten Unternehmens in die Strategie ein. Strategieformulierung und -implementierung verschmelzen somit und finden quasi gleichzeitig statt. Der *symbolische Ansatz* legt den Fokus auf eine gemeinsame Vision für das gesamte Unternehmen. Das Management agiert vielmehr als Coach und motiviert die Mitarbeitenden, dieses gemeinsame Ziel zu erreichen. Strategieformulierung und -implementierung finden nicht mehr explizit statt. Bei der *Selbstorganisation* nimmt das Management nur noch eine sehr passive Rolle ein und stellt lediglich die idealen Rahmenbedingungen für die strategische Selbstentwicklung des Unternehmens zur Verfügung. Ideen und Initiativen können überall im Unternehmen entstehen und eigenverantwortlich vorangetrieben werden.

Typ	Eigenschaften
Kommando	Fokus: «Great Man» → klare Hierarchie, rasche Entscheidungen, Formulierung und Implementierung getrennt
Strategische Planung	Fokus: Analyse und Planung → zentraler Stratege, analytischer und formalisierter Prozess, Formulierung und Implementierung getrennt
Gelenkte Evolution	Fokus: gesamte Organisation bringt Ideen und Vorschläge ein → Strategie entwickelt sich, gleichzeitig Formulierung und Implementierung
Symbolischer Ansatz	Fokus: gemeinsame Vision → Coach/Motivator/Visionär, Symbole und Metaphern, breite Einbindung in die Implementierung
Selbstorganisation	Fokus: Herstellung von idealen Rahmenbedingungen → Ideen und Initiativen können überall innerhalb der Organisation entstehen und vorangetrieben werden

Abbildung 3-10: Typen von Strategie-Formulierung und -Implementierung

Quelle: Kreutzer und Lechner (2009)

Nagel und Wimmer (2002) nennen vier typische Arten der Strategieentwicklung (Abbildung 3-11). Diese lassen sich anhand der Fragen des «wo» (ausserhalb oder innerhalb der Organisation?) und «wie» (implizit-intuitiv oder explizit-systematisch?) strukturieren. Aus diesen beiden Dimensionen ergibt sich eine Matrix mit vier Feldern und idealtypischen Mustern der Strategieentwicklung. In einer *ersten Variante* kann Strategiearbeit explizit-systematisch und ausserhalb der Organisation erfolgen. So engagieren Organisationen externe Berater, die für sie eine Strategie entwickeln. Grössere Unternehmen verfügen auch über eigene Abteilungen, die sich mit der Strategieentwicklung befassen, denn, so die entsprechende Überzeugung: Strategie ist Expertensache. Als *zweite Variante* wird Strategiearbeit als Sache der Chefin verstanden, die aufgrund langjähriger Erfahrung und Intuition das Gespür hat, welche Gelegenheiten und Herausforderungen sich abzeichnen. Diese sogenannt patronale Strategiearbeit geschieht ebenfalls ausserhalb der eigentlichen Organisation, quasi im Kopf – oder eher im Bauch – der Führungsperson. In einer *dritten Variante* ergibt sich die Strategie einer Organisation aus den jeweiligen Strategien der unterschiedlichen Unternehmensteile. In diesem Muster steht die Idee im Vordergrund, dass jeder Teilbereich für seine künftige Entwicklung verantwortlich ist. Dieses implizit-intuitive Muster mit emergenten Strategien kann in Expertenorganisationen wie Universitäten und Spitälern gefunden werden. Als *vierte Variante* kann auch explizit-systematische Strategieentwicklung innerhalb der Organisation stattfinden. Strategiearbeit wird vom Management in einem gemeinsamen Prozess erarbeitet, wobei unterschiedliche Bereiche des Unternehmens beteiligt sind.

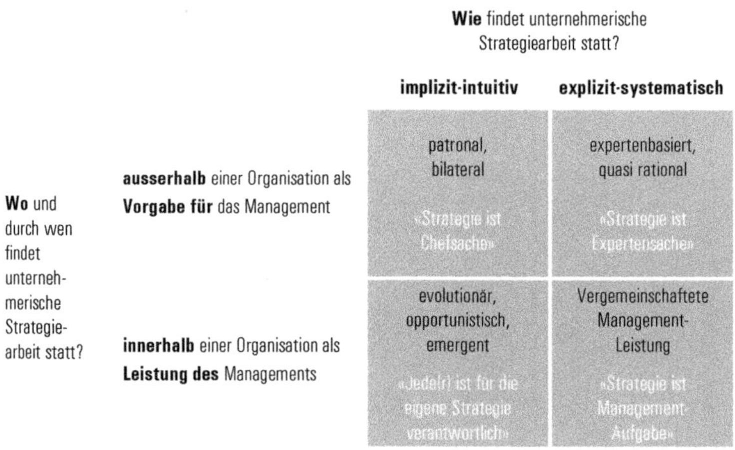

Abbildung 3-11: Idealtypische Entscheidungsmuster bei der Strategiearbeit

Quelle: in Anlehnung an Nagel (2007)

Wie so oft in der Betriebswirtschaft gibt es auch bei der Wahl des Strategieprozesses nicht den einen richtigen Ansatz, denn die optimale Wahl hängt im Wesentlichen vom Kontext ab. Wichtige Faktoren sind:

- *Dringlichkeit:* Wenn es um einen rasch notwendigen Strategiewechsel in einer Turnaround-Situation geht, dann ist möglicherweise ein (patronaler) Kommandostil notwendig.
- *Ressourcen:* Wenn der Erfolg einer Strategie auf der Mobilisierung von nicht direkt kontrollierbaren Ressourcen (z. B. individuelles Engagement und Kreativität der einzelnen Organisationsmitglieder) beruht, dann steht allenfalls die (emergente) Selbstorganisation im Vordergrund.

Strategiearbeit ist ein offener Prozess, bei dem Grundprobleme der Organisation offen angesprochen werden sollen und bei dem ein möglichst breiter Raum für Alternativen geöffnet werden soll. Dabei wird gemäss dem SGMM die Umwelt einer Organisation als Chancenraum verstanden (Rüegg-Stürm & Grand, 2020). In einem Strategieprozess ist es in der Regel wichtig, zunächst alle Optionen zu berücksichtigen und sich nicht vorschnell auf einzelne Strategie-Werkzeuge zu konzentrieren. Diese Instrumente bergen Gefahr, die Wahrnehmung zu dominieren, wodurch alternative Ansätze oder wichtige zusätzliche Gesichtspunkte verloren gehen können. Gleichzeitig sind Instrumente für die Strategiearbeit wichtig: Sie unterstützen die Auseinandersetzung mit Strategie, indem sie jeweils systematisch vorgeben, welche Fragen und Aspekte zu bearbeiten sind. Darüber bieten sie den beteiligten Personen auch eine gewisse Orientierung in der Bearbeitung der einzelnen Schritte zur Strategieentwicklung.

3.6 Strategie-Instrumente

Nachfolgend werden Instrumente vorgestellt, die den Strategieprozess unterstützen. Die genannten «Frameworks» stellen eine Auswahl dar; je nach Organisation und Prozess kommen auch andere Werkzeuge zum Einsatz. Die Instrumente sind entlang der Schritte oder Phasen eines typischen expliziten Strategieentwicklungsprozesses geordnet: Analyse, Entwicklung von Alternativen, Auswahl einer Strategie, Umsetzung und Evaluation.

3.6.1 Analyse

Die SWOT-Analyse auf Unternehmensebene ist ein gängiges Instrument für die strategische Ausgangsanalyse (Abbildung 3-12). Diese beurteilt Stärken («Strenghts») und Schwächen («Weaknesses») des Unternehmens in Bezug auf interne Ressourcen und Fähigkeiten gegenüber der Konkurrenz (vgl. RBV, Kap. 3.4.1) sowie Chancen («Opportunities») und Gefahren («Threats») der Organisation auf der Basis von Umwelttrends und entsprechender Entwicklungen im Unternehmen (vgl. MBV, Kap. 3.4.1). Die Stärken- und Schwächenanalyse kann z. B. auf den einzelnen Funktionsbereichen einer Unternehmung basieren (vgl. Kap. 3.4.1). Für die Beurteilung von Chancen und Gefahren kann von Trends in den verschiedenen Umweltsphären im SGMM (natürliche, gesellschaftliche, wirtschaftliche, technologische, rechtliche Umweltsphäre) und Entwicklungen bei den Anspruchsgruppen ausgegangen werden.

Umwelt und Anspruchsgruppen

Organisation	Gefahren	Chancen
Stärken	Stärken und Gefahren treffen aufeinander	Stärken und Chancen treffen aufeinander
Schwächen	Schwächen und Gefahren treffen aufeinander	Schwächen und Chancen treffen aufeinander

Abbildung 3-12: SWOT-Analyse auf Unternehmensebene

Zu den vier Feldern der Matrix muss sich eine Organisation folgende Grundfragen stellen:

- *Stärken/Gefahr:* Wie kann ich mit meinen Stärken möglichen Gefahren entgehen?
- *Stärken/Chancen:* Wie kann ich mit meinen Stärken die sich bietenden Chancen optimal nutzen (vgl. Marketing: «Unique Selling Proposition»)?
- *Schwächen/Gefahren:* Welche Schwächen sind gleichzeitig eine Gefahr und machen das Unternehmen deshalb verwundbar (Achillesferse)?
- *Schwächen/Chancen:* Welche Chancen kann ich aufgrund meiner Schwächen nicht optimal nutzen?

Trends und damit Chancen und Gefahren können sich auch aus der Entwicklung des Wettbewerbs ergeben. Eine wichtige Hilfestellung ist die Systematisierung der Wettbewerbskräfte nach Porter (Abbildung 3-13). Dieses Modell geht davon aus, dass die Attraktivität einer Branche durch die Marktstruktur bestimmt wird, die wiederum das Verhalten der Marktteilnehmer beeinflusst. Zur Beurteilung der Attraktivität einer Branche sind folgende fünf Elemente relevant:

- Verhandlungsstärke der Lieferanten
- Verhandlungsstärke der Abnehmer
- Bedrohung durch neue Anbieter
- Bedrohung durch Ersatzprodukte
- Wettbewerbsintensität bzw. Rivalität in der Branche

Die Verhandlungsmacht von Lieferanten und Abnehmern bestimmt, wie gut diese ihre eigenen Interessen gegenüber dem Unternehmen durchsetzen können. Je grösser deren Verhandlungsstärken, desto unattraktiver ist die Branche. Dasselbe gilt für die Bedrohung durch neue Anbieter und Ersatzprodukte: Je grösser diese Gefahr ist, desto umkämpfter ist der Markt und desto unattraktiver ist die Branche für das Unternehmen. So ist z. B. die Zunahme von Newsstreams der öffentlich-rechtlichen Fernsehanstalten eine Substitutionsgefahr für die klassischen Zeitungsverlage (Ersatzprodukte). Auch die Wettbewerbsintensität als fünfter Faktor hat einen Einfluss auf die Attraktivität einer Branche. Hohe Rivalitäten führen meistens zu einem starken Preis- oder Leistungswettbewerb, was zu schlechten Gewinnaussichten führt.

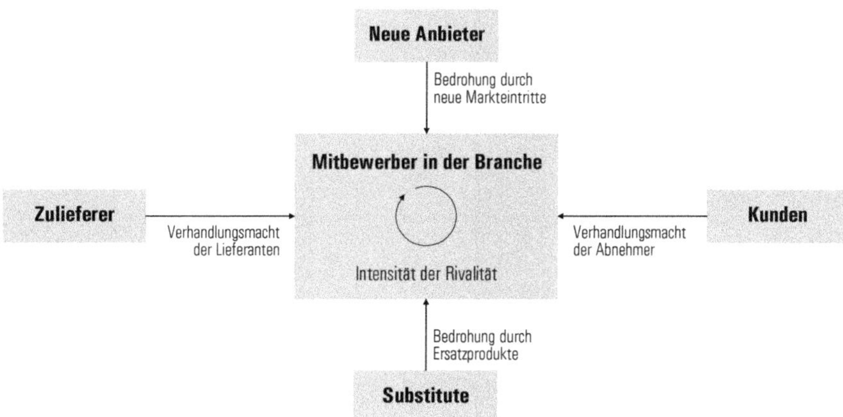

Abbildung 3-13: Porters Five-Forces-Framework zur Wettbewerbsanalyse

Quelle: Porter (1979)

Oft werden für strategische Ausgangsanalysen und für die wichtige Problemdefinition auch integrierte Analysen durchgeführt, z. B. unter Berücksichtigung von Ansätzen der Systemanalyse (zu Marktentwicklungen, s. Bieger, 2019; zu integrierten Problemlösungsansätzen, s. Probst & Gomez, 1991). Mit einer systemischen Netzwerkanalyse können Wechselwirkungen zwischen einzelnen Elementen, Themen und Problemfeldern identifiziert und so auch die Dynamik einer Entwicklung beurteilt werden (Abbildung 3-14). Mithilfe eines solchen Strukturdiagramms können Wirkungsbeziehungen auf unterschiedlichen Ebenen einer Organisation (und deren Umwelt) visualisiert werden. Indem die Verbindungen zwischen den verschiedenen System-Elementen mit einer Wirkrichtung versehen (positive oder negative Beziehung) und allenfalls unterschiedlich gewichtet werden, sind gar gewisse quantitative Simulationen möglich.

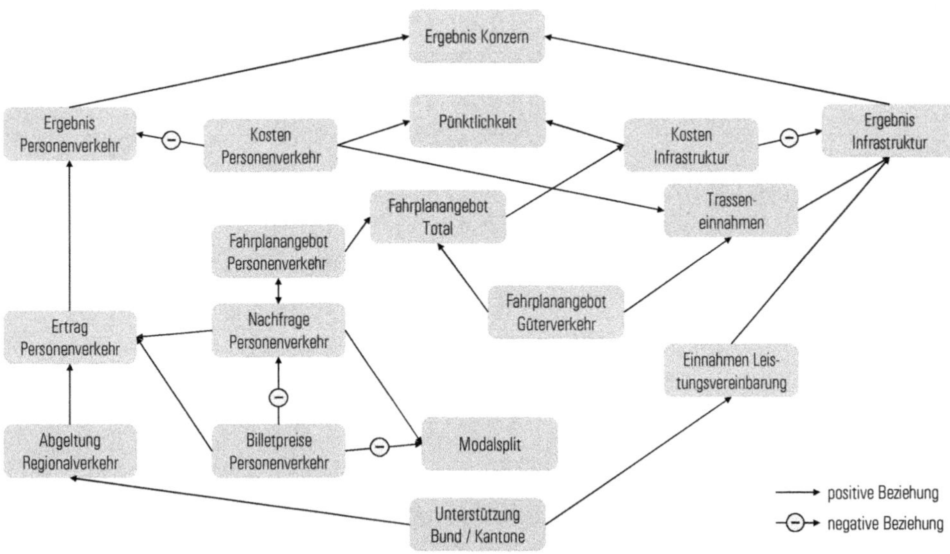

Abbildung 3-14: Vereinfachte Netzwerkanalyse am Beispiel der Schweizerischen Bundesbahnen (SBB), ohne die Divisionen Cargo und Immobilien

Quelle: Laan, Wittmer, Gross, Barth und Moll (2010, S. 18)

3.6.2 Formulierung

Ein klassisches Instrument für die Formulierung alternativer Strategien respektive der Systematisierung derselben ist die Ansoff-Matrix (Ansoff, 1987). Dabei werden verschiedene Stossrichtungen mit Blick auf Markt und Produkt systematisiert (Abbildung 3-15). Wenn mit den aktuellen Produkten auf einen neuen Markt vorgestossen werden soll, wird von *Marktentwicklung* gesprochen. Im umgekehrten Fall, wenn neue Produkte auf dem vorhandenen Markt lanciert werden, handelt es sich um *Produktentwicklung. Marktdurchdringung* bezeichnet die Strategie, wenn das Unternehmen mit bestehenden Produkten den Anteil auf dem bestehenden Markt ausbauen möchte. Die vierte und letzte Möglichkeit ist die *Diversifikation,* bei der das Unternehmen komplettes Neuland betritt, indem es neue Produkte für neue Märkte entwickelt.

Markt / **Produkt**	Gegenwärtig	Neu
Gegenwärtig	Marktdurchdringung	Marktentwicklung
Neu	Produktentwicklung	Diversifikation

Abbildung 3-15: Ansoff Produkt-Markt-Matrix

Quelle: Ansoff (1987, S. 132)

Nach Hamel und Prahalad (1994) kann eine ähnliche Matrix mit einer Markt- und einer Kernkompetenz-Dimension konzipiert werden, welche unterschiedliche strategische Optionen eröffnet, die sogenannte Core-Competence-Market-Matrix (Abbildung 3-16).

Kernkompetenz	Markt: Vorhanden	Markt: Neu
Neu	Neue Kernkompetenzen bilden, um momentane Marktposition zu schützen und auszubauen	Neue Kernkompetenzen bilden, um zukünftige Märkte zu kreieren und wettbewerbsfähig zu sein
Vorhanden	Kernkompetenzen nutzen, um momentane Marktposition zu verbessern	Kernkompetenzen umgruppieren und neu kombinieren, um in zukünftigen Märkten wettbewerbsfähig zu sein

Abbildung 3-16: Core-Competence-Market-Matrix

Quelle: Hamel und Prahalad (1994)

Unternehmen sind häufig mit einer Vielzahl strategischer Alternativen konfrontiert. In der heutigen VUCA-Welt (vgl. Kap. 1.4.3) entstehen in den verschiedenen Umweltbereichen von Unternehmen und auch in den (immer mehr als Netzwerk organisierten) Unternehmen laufend Ideen und Anstösse für strategische Entwicklungen. Mintzberg (1978) charakterisiert die verschiedenen möglichen Strategieoptionen als eigentlichen Strategiefluss (Abbildung 3-17). Als «Emergent Strategy» beschreibt er jene Muster von konkurrierenden Aktionen, die sich über die Zeit spontan ergeben und daher eher sporadisch, reaktiv und opportunistisch sind (Mintzberg, 1978). Organisationen verfolgen bestimmte formulierte Strategien (z. B. Fokus auf die Erschliessung eines bestimmten Auslandmarktes). Gleichzeitig werden Organisationen aber auch laufend mit neuen Strategien respektive Strategiemöglichkeiten konfrontiert (z. B. neue Rekrutierungsstrategien für Fachkräfte oder eine neue Produktpolitik). Die Aufgabe des Managements ist es, solche strategischen Alternativen zu beurteilen und die Strategie aufgrund dieser Alternativen allenfalls anzupassen, womit sich eine Diskrepanz zwischen der beabsichtigten Strategie und der tatsächlich realisierten Strategie ergibt.

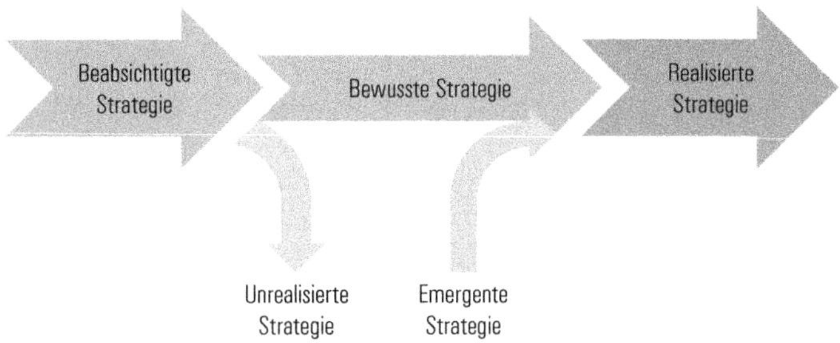

Abbildung 3-17: «Emergent Strategies» und wie diese die beabsichtigte Strategie beeinflussen

Quelle: basierend auf Mintzberg (1978)

3.6.3 Auswahl

Bei der Auswahl einer strategischen Alternative können verschiedene Methoden zur Anwendung kommen. Der Strategie-Auswahl dient auch das *«Business Planning»*: Im Rahmen eines Geschäftsplanungsprozesses werden strategische Alternativen bis hin zum wirtschaftlichen Erfolg über eine mittelfristige Periode durchgerechnet und anhand der Resultate priorisiert.

Ein anderes mögliches Instrument ist die *Nutzwertanalyse* (Abbildung 3-18), bei der Strategiealternativen nach verschiedenen Kriterien (z. B. zukünftige Renditen, zukünftige Beiträge zur Verankerung in strategisch wichtigen Zielmärkten, zukünftiger Beitrag zur Erschliessung wesentlicher Ressourcen) beurteilt werden. Die einzelnen Ziele werden gewichtet und die Zielbeiträge der Varianten bewertet. Der gewichtete Zielbeitrag jeder Strategiealternative kann so errechnet und die beste ausgewählt werden.

Kriterien	Gewichtung	Strategiealternative 1		Strategiealternative 2	
		Punkte	Gewichtung	Punkte	Gewichtung
Gewinn	50%	3	1.5	4	2
Produktionskosten	30%	2	0.6	4	1.2
Innovation	20%	4	0.8	3	0.6
Summe	100%	9	2.9	11	3.8

Abbildung 3-18: Beispiel einer Nutzwertanalyse

Ein klassisches Instrument ist auch die *BCG-Matrix* der Boston Consulting Group (BCG), bei der strategische Alternativen in der Regel in Form von strategischen Geschäftsfeldern nach zwei Kriterien (Marktanteil und Wachstum) klassifiziert werden. Aus dieser Matrix ergeben sich vier Felder mit unterschiedlichen strategischen Implikationen (Abbildung 3-19). Als *«Cash Cows»* gelten strategische Geschäftsfelder, die ein niedriges Wachstum aufweisen, aber über einen hohen Marktanteil verfügen und stabile Erträge generieren. Die Strategie der Wahl dürfte lauten: Cashcows bis zum Ende des Produktlebenszyklus «melken». Weniger klar ist die Situation bei den *«Pets»* (früher auch: «Poor Dogs» genannt): Soll man diese «Haustierchen» trotz niedrigem Wachstum und niedrigem Marktanteil weiterhin halten oder sich davon trennen? Eindeutig ist die Strategie-Auswahl wohl bei den *«Stars»*: Diese Geschäftsfelder dürften weiter gepflegt werden, da sie dank hohem Wachstum und Marktanteil eine hohe Rendite versprechen. Schwieriger ist der strategische Entscheid bei den *«Question Marks»*: Diese weisen zwar ein hohes Wachstum auf, sind innerhalb des Marktes aber relativ unbedeutend. Als strategisches Ziel der Wahl könnte definiert werden, schneller als der Markt zu wachsen, um Markanteile dazuzugewinnen.

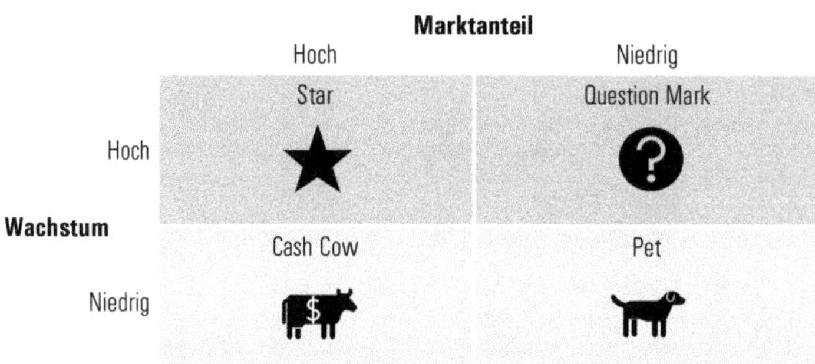

Abbildung 3-19: BCG Matrix
Quelle: BCG (2020)

3.6.4 Umsetzung

Die Implementierung bzw. Umsetzung der Strategie ist vom gewählten Strategieprozess abhängig. Hauptsächlich kann zwischen «Top-Down»- und «Bottom-up»-Implementierung unterschieden werden. Bei der ersten Variante wird die Strategie vom Management vorgegeben und die Umsetzung von oben nach unten «kommandiert». Bei der zweiten Variante wird versucht, durch ein gemeinsames Problemverständnis alle Mitarbeitenden dazu zu bringen, die Strategie aus eigener Motivation mitzutragen. Je weniger eine Strategie «von oben herab» umgesetzt werden kann, desto mehr ist ein Partizipationsprozess und damit eine Mobilisierung der Betroffenen notwendig. So kann z. B. eine Universität ein neues Fachgebiet durch einen zentralen «top-down» Entscheid zur Schaffung neuer Lehrstühle aufbauen. Der Aufbau interdisziplinärer Forschungsgebiete, welche die Kooperation von Professorinnen und Professoren verschiedener Fachgebiete erfordert, kann jedoch nur «bottom-up» durch gemeinsames Problemverständnis und gemeinsame Motivation erreicht werden.

3.6.5 Evaluation

Strategien müssen in Bezug auf ihre Umsetzung und ihren Erfolg überprüft werden. Auch dafür gibt es verschiedene Instrumente. Am bekanntesten ist der «*Balanced Scorecard*»-Ansatz, bei dem die verschiedenen Input- und Output-Faktoren einer Strategie bzw. einer Unternehmensentwicklung in einen Berichtsbogen einfliessen (quasi ein «Dashboard», das die Ziele und Kennzahlen zur Strategie ersichtlich macht). Typische Perspektiven sind dabei die Finanzperspektive, die Kundenperspektive, die interne Prozessperspektive sowie die Potenzialperspektive (vgl. Kaplan & Norton, 1992).

Gebräuchlich ist heute auch der Begriff der «*Key Performance Indicators*» (KPI). Solche Leistungskennzahlen können über Resultate definiert werden (z. B. Anzahl neuer Patente in einer Forschungsabteilung), sie können aber auch Prozesse im Fokus haben (z. B. Verbesserung von Umfang und Qualität der Zusammenarbeit in einem interdisziplinären Forschungsteam). So kann z. B. aus der Vision einer Organisation über verschiedene strategische Konkretisierungsstufen eine Reihe fassbarer KPI abgeleitet werden. Basierend auf der «Roadmap 2025» der Universität St. Gallen (Abbildung 3-20) könnte dies für den Bereich «Finanzierung» ein im Jahr 2025 zu erreichender Eigenfinanzierungsgrad oder beim Thema «Wissen» die Zahl der jährlichen Projekte mit Praxispartnern aus der Region sein.

Vision «Integrative Wirtschaftsuniversität»

Als führende Wirtschaftsuniversität setzen wir in Forschung und Lehre weltweit Massstäbe, indem wir integratives Denken, verantwortungsvolles Handeln und unternehmerischen Innovationsgeist in Wirtschaft und Gesellschaft fördern.

Gesamtuniversität

Gesellschaftlich relevant	**Integrativ denkend und handelnd**	**Verantwortungsvoll unternehmerisch**	**Regional und international vernetzt**
Wir nutzen und erweitern unsere Kompetenzen, um in unseren Kernbereichen die Themenführerschaft bei der Lösung gesellschaftlich relevanter Problemstellungen zu übernehmen.	Wir fördern integratives Denken in Wirtschaft und Gesellschaft über die ganze Wirkungskette von Kultur- und Sozialwissenschaften, Politikwissenschaften, Recht und Wirtschaft.	Wir inspirieren verantwortungsvoll und werteorientiert handelnde Persönlichkeiten dazu, sich innovativ an der Weiterentwicklung von Wirtschaft und Gesellschaft zu beteiligen.	Wir positionieren uns als global vernetzte Wirtschaftsuniversität, die in einzelnen Bereichen internationale Standards setzt und gleichzeitig einen spürbaren Mehrwert für die Region schafft.

Leistungsbereiche

Lehre	Forschung	Weiterbildung
Unsere ganzheitliche Lehre setzt weltweit Massstäbe. Ihre Qualität steigern wir mit Innovationen kontinuierlich. Unser herausragender, stetig weiterentwickelter Unterricht übt starke Anziehungskraft auf talentierte Studierende aus und stellt ihre berufliche Anschlussfähigkeit sicher.	**Dank Verbindung von Exzellenz und Relevanz generieren wir mit unserer Forschung messbare Wirkung.** Unsere Forschung setzt international Massstäbe und übt weltweit Anziehungskraft auf Forschende aus.	**Dank einem marktfähigen Angebot bieten wir für alle Karrierephasen einen nachhaltigen Mehrwert.** Unsere Weiterbildungsangebote integrieren Erkenntnisse aus Forschung und Praxis und setzen international Massstäbe hinsichtlich Relevanz und Methodik.

Funktionale Bereiche

Qualität	Immobilien	Finanzierung	Informatik	Personal	Wissen
Permanente Qualitätsentwicklung	**Inspirierender Campus**	**Öffentlich und privat**	**Digital und produktiv**	**Attraktive Arbeitgeberin**	**Integrative Informationsversorgung**
Wir unterstützen interne Stakeholder in den Bereichen der Qualitätsentwicklung und versorgen externe Organisationen mit Daten, um die Qualität der HSG transparent zu machen.	Wir stellen Immobilien bereit, die inspirieren und die Aufgabenerfüllung unterstützen. Wir schaffen damit einen Mehrwert in Form persönlicher Begegnungen im digitalen Zeitalter.	Ergänzend zur staatlichen Finanzierung bauen wir unter Wahrung der wissenschaftlichen Freiheit auf dem Unternehmertum der HSG sowie auf Spenden und Donationen auf.	Wir nutzen die Potenziale der Digitalisierung, um innovative Forschungs- und Lehrmodelle zu unterstützen. Und wir optimieren unsere Produktivität durch die Möglichkeiten der ICT.	Wir werden als attraktive Arbeitgeberin mit einer von Kompetenz, Engagement und Kooperation geprägten Arbeitskultur wahrgenommen und entsprechend nachgefragt.	Wir erschliessen internes und externes Wissen und stellen dieses unseren Anspruchsgruppen in zukunftsweisender Form zur Verfügung.

Abbildung 3-20: HSG Roadmap 2025

Quelle: Universität St. Gallen (2017)

Bei eher evolutionären Strategien sind kleinere Justierungen während der Kontrolle der Umsetzung noch möglich (s. auch Kap. 3.7.1). Bei revolutionären Strategien mit grundlegender Erneuerung braucht es definierte Kontrollpunkte für einen eventuellen Abbruch, falls gewisse Erfolgsschwellen nicht erreicht und Umsetzungsschritte nicht realisiert werden können oder Risikogrenzen überschritten werden. Wenn ein Unternehmen einen grundsätzlich neuen Markt aufbauen will, muss es dafür (ähnlich wie bei jeder Anlagestrategie) einen «Value at Risk», also einen maximalen Einsatz oder auch den schlimmsten zu erwartenden Verlust definieren, um besser und kontrollierter mit den Risiken umgehen zu können (zu Value at Risk, vgl. Jorion, 1996). Benötigt der Aufbau mehr Investitionskapital als erwartet oder sind die Geldflüsse aus dem neuen Markt ungenügend, so braucht es Korrektur- und Ausstiegsszenarien. Für die Definition solcher Warnpunkte ist der mehrjährige

Businessplan ein wichtiger Ausgangspunkt. So können die geplanten Investitionen und Umsätze bzw. Geld-Rückflüsse laufend mit der Realität verglichen werden.

3.7 Entwicklungsmodi

Die Strategie klärt neben der Entwicklungsrichtung auch den Entwicklungsmodus. Dabei geht es darum, für das langfristige Überleben einer Organisation ein Optimum von Erneuerung und Optimierung zu finden. Stehen eher kontinuierliche Produktinnovationen zur Qualitätssteigerung und Prozessinnovationen zur Kostenreduktion im Vordergrund (Optimierung) wie dies z. B. bei einem Automobilhersteller mit der regelmässigen Überarbeitung und Neuauflage eines bestimmten Fahrzeugmodells der Fall ist? Oder soll rasch eine neue Position durch einen diskontinuierlichen, disruptiven Wandel (Erneuerung) wie z. B. eine komplette Neustrukturierung der Wertschöpfungskette mit einem radikalen Wechsel vom Automobilhersteller zum integrierten Mobilitätsanbieter erreicht werden?

3.7.1 Optimierung und Erneuerung

Strategie ist wesentlich mit unternehmerischem Wandel verknüpft, wobei es gilt, ein Gleichgewicht zwischen evolutionären Optimierungen (kleine Wirkungsintensität) und revolutionären Erneuerungen (grosse Wirkungsintensität) zu finden (Abbildung 3-21). So reicht es auch für etablierte Unternehmen heute meist nicht aus, sich auf die laufende Optimierung und maximale Effizienzsteigerung zu fokussieren. Zu gross ist die Gefahr, dass disruptive Innovatoren durch radikal neue Ansätze und (zunächst noch unreife) Technologien den Markt plötzlich dominieren (Christensen, 1997). Das Dilemma zwischen Optimierung und Erneuerung, zwischen Effizienz («die Dinge richtig tun») und Effektivität («die richtigen Dinge tun») stellt eine zentrale strategische Herausforderung dar. Ein möglicher Ausweg aus dem Dilemma stellt das Konzept der organisationalen Ambidextrie (Beidhändigkeit) dar: Indem Organisationen und ihr Management sowohl das Ausnutzen existierender Vorteile («Exploitation») und die Erschliessung neuer Erfolgspotenziale («Exploration») beherrschen, soll das langfristige Überleben gesichert werden (Tushman & O'Reilly, 1996).

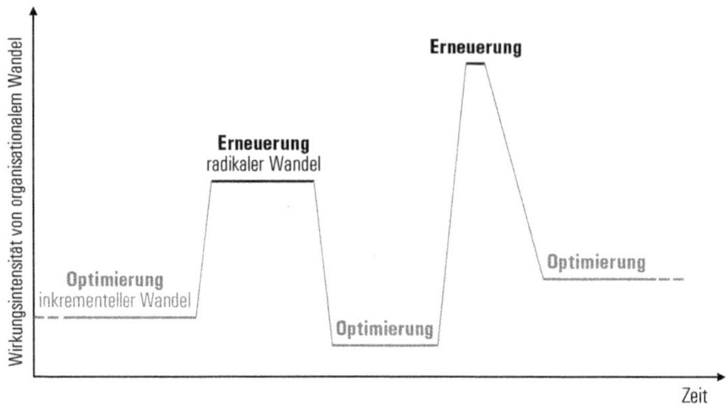

Abbildung 3-21: Radikaler versus inkrementeller Wandel (Erneuerung und Optimierung)
Quelle: Rüegg-Stürm und Grand (2020, S. 111)

Die beiden Entwicklungsmodi können auch als evolutionär (Optimierung) und revolutionär (Erneuerung) beschrieben werden. *Evolutionäre* Entwicklung findet häufig in Form einer Optimierung der Kundenleistung statt (z. B. wenn sich ein Turnschuhhersteller durch den Einbau von Sensoren in die Laufschuhe und die Entwicklung von Apps sukzessive zu einem integrierten Lifestyle-Coach entwickelt). Leistungssysteme werden heute vermehrt zu integrierten Problemlösungen ausgebaut. Der horizontale Leistungsbereich von Unternehmen wird damit erweitert. *Revolutionäre* Entwicklung setzt häufig bei der Erneuerung der Leistungserstellung an (z. B. wenn sich ein integrierter Automobilhersteller auf die Bereitstellung der Auslieferungs- und Wartungslogistik konzentriert und damit zu einem reinen Serviceprovider für andere Autohersteller wird). Leistungserstellungsbereiche von Unternehmen werden heute tendenziell enger. Ihr Anteil an der Wertschöpfungskette wird damit verkürzt.

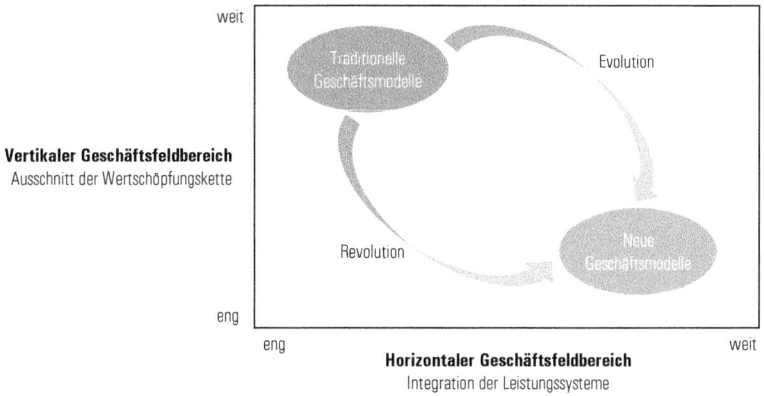

Abbildung 3-22: (Re-)Konfiguration der Geschäftsbereiche
Quelle: nach Belz und Bieger (2000, S. 523)

Viele traditionelle Geschäftsmodelle werden durch solche evolutionären oder revolutionären Prozesse transformiert (Abbildung 3-22). Wegen des Trends zur Bündelung des Endkundenkontakts (Integration von Leistungssystemen; dies erweitert den horizontalen Geschäftsbereich) und der Tendenz zur Dekomposition von Leistungserstellungssystemen (Fokussierung auf einen kleineren Ausschnitt der Wertschöpfungskette; dies verengt den vertikalen Geschäftsbereich) haben diese Evolutionen bzw. Revolutionen heute bei vielen Unternehmen dieselbe Stossrichtung (Belz & Bieger, 2000, S. 523).

In vielen Organisationen gibt es eine sequenzielle Gewichtung innerhalb des zeitlichen Ablaufs von Optimierung und Erneuerung. Wenn z. B. eine Fluggesellschaft ihr bestehendes Netzwerk an Flugverbindungen verbessert, dann liegt das Schwergewicht auf der Optimierung des Status Quo. Wenn die Fluggesellschaft z. B. aufgrund des technologischen Wandels an die Grenzen der Optimierung stösst, dann ist eine grundsätzliche Erneuerung nötig. Dies kann dazu führen, dass das Unternehmen grundsätzlich neu konfiguriert wird, z. B. indem die Regionalflotte an eine neue Tochtergesellschaft abgegeben wird oder indem sich die Gesellschaft in eine grössere strategische Allianz begibt. So können sich Optimierungen und Erneuerungen auch immer wieder ablösen: Es wird jeweils optimiert, bis die Grenzen eines Modells oder einer Konfiguration erreicht sind und eine grundsätzliche Erneuerung nötig wird.

Häufig laufen die Prozesse von Optimierung und Erneuerung aber mindestens in der Planung parallel. Während ein Teil des Unternehmens und des Managements das laufende Geschäftsmodell betreibt und optimiert, arbeitet der andere Teil an einem längerfristigen, grundsätzlichen Wandel. Wenn z. B. bei einer Versicherung der Hauptteil des Unternehmens immer noch traditionelle Versicherungen über ein Agentennetz vertreibt, arbeitet eine Abteilung bereits an einem Internetvertrieb völlig neu konzipierter, automatisch auf das individuelle Risiko abgestimmter Versicherungsprodukte und operiert dabei vielleicht schon im Pilotbetrieb. Das Nebeneinander der alten und neuen Geschäftsmodelle im gleichen Unternehmen stellt eine besondere Führungsherausforderung dar. Es gilt dabei, Kulturen zu überbrücken und den unterschiedlichen Typen an Mitarbeitenden und Geschäftslogiken Rechnung zu tragen (Franz, Bieger & Herrmann, 2017).

3.7.2 Krisen als Auslöser organisationalen Wandels

Oft wird der strategische Wandlungsbedarf erst anhand einer Krise offenbart. Wird der Wandel (z. B. die Anpassung an neue Technologien und Marktgegebenheiten) verpasst, ergibt sich eine Strategiekrise. Als Beispiel kann ein Maschinenhersteller angeführt werden, der den Trend zur «Industrie 4.0» verpasst und als einziges Unternehmen in der Branche noch keine sensorgestützte Ferndiagnose anbietet. Eine solche *Strategiekrise* entwickelt sich rasch zu einer *Ertragskrise,* da der Absatz zusammenbricht, was schlussendlich in einer *Liquiditätskrise* und evtl. in einer Insolvenz mündet (Abbildung 3-23).

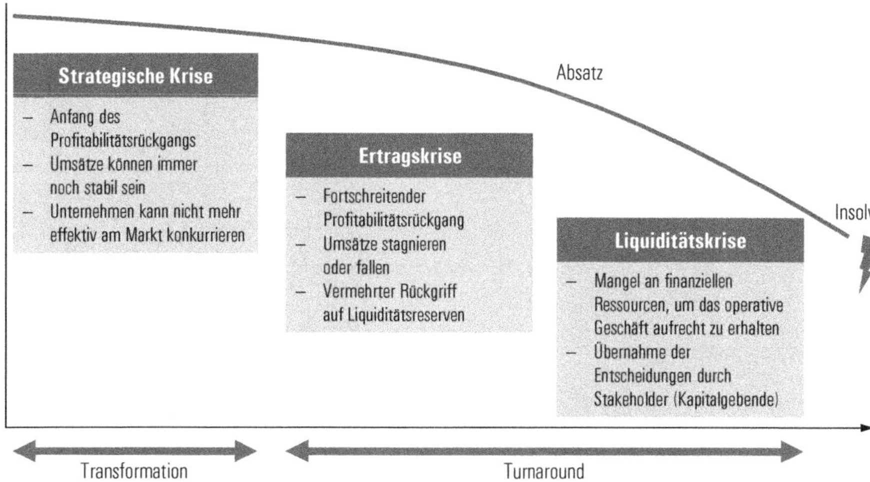

Abbildung 3-23: Drei Krisenarten

Quelle: Schmeisser, Bretz, und Keßler (2004); nach Müller (1982)

Umgekehrt geht einer akuten Liquiditätskrise (und damit häufig auch der Schliessung eines Unternehmens) eine lang andauernde Ertragskrise voraus, die auf einer strategischen Krise fusst. So konnte Air Berlin, die im August 2017 Konkurs anmelden musste, ihre seit dem Börsengang 2006 anhaltende Ertragskrise (nur in einem Jahr konnten Gewinne erzielt werden) nicht lösen (Eisenring, 2016). Die Kapitalspritzen immer wieder neuer Eigentümer (z. B. Etihad Airlines) konnten das Problem nicht lösen, sondern nur aufschieben. Hinter dieser Ertragskrise steht eine strategische Krise, die wiederum auf einem unklaren Geschäftsmodell und fehlenden Wettbewerbsvorteilen beruht (siehe Kap. 3.4.1). Problematisch ist, dass strategische Krisen schwieriger erkennbar sind als Ertrags- oder gar Liquiditätskrisen. Oft erfolgt die Transformation (Umgestaltung der Organisation) daher nicht rechtzeitig, sodass letztlich ein Turnaround (tiefgreifende Umkehrmassnahmen) gelingen muss.

Grössere Erneuerungsprozesse werden auch als Prozesse des organisationalen Wandels bezeichnet und müssen gezielt gesteuert werden. Organisationaler Wandel ist besonders herausforderungsreich und anspruchsvoll. Es wird von Organisationsmitgliedern, aber auch von der Umwelt (z. B. von den Kundinnen und Kunden bei der Einführung neuer Technologien) verlangt, alte Gewissheiten und Gewohnheiten über Bord zu werfen und sich mit dem Neuen auseinanderzusetzen. Es stellen sich damit für die Betroffenen Fragen, wie und ob sie mit den neuen Aufgaben zurechtkommen und wie sich die Veränderung auch auf andere Lebenssphären wie das Privatleben auswirkt. Wenn z. B. durch eine disruptive Strategie die Bedeutung einzelner Kernkompetenzen im Unternehmen abnimmt, ist die berufliche Identität und damit insgesamt das Selbstkonzept der in diesem Bereich tätigen Mitarbeitenden betroffen.

Prozesse des organisationalen Wandels betreffen immer das Dreieck von Strategie, Struktur und Kultur (s. auch Kap. 4). In Anlehnung an Chandler (1962) und Osterloh und Frost (1996) kann festgehalten werden: Struktur folgt den Prozessen, Prozesse folgen der Strategie, und Strategie wird von der Kultur beeinflusst. Prozesse und Projekte des organisationalen Wandels bedürfen deshalb verschiedener Erfolgsvoraussetzungen (Rüegg-Stürm & Grand, 2020):

- Sorgfältige Dramaturgie zur Förderung des Verständnisses für die Notwendigkeit des Prozesses
- Schaffung von Sicherheit über den Prozess
- Klärung der Erwartungshaltung der Akteure und damit Schaffung von Vertrauen in den Prozess

Kapitel 3: Kernpunkte

- Bei Strategie geht es um Sicherung und Stärkung von Wettbewerbsfähigkeit, also der langfristigen Möglichkeit, im Wettbewerb ausreichend Wertschöpfung erzielen zu können.
- Wettbewerbsfähigkeit bedingt strategische Erfolgsfaktoren, die schützbare Wettbewerbsvorteile schaffen. Diese können inside-out (z. B. aufgrund von Kernkompetenzen und Patenten) oder outside-in (z. B. durch Positionierung im Markt mit einer einzigartigen Marke) wirken.
- Strategiearbeit kann in Phasen des Strategie-Prozesses gegliedert werden und bedingt das Stellen der richtigen Fragen zur Ausgestaltung des Strategie-Inhalts. Für die Erarbeitung und Bewertung von Strategiealternativen stehen verschiedene Instrumente und Methoden zur Verfügung.
- Die Umsetzung von Strategie betrifft die Unternehmensentwicklung, welche in Form von optimierender Evolution oder erneuernder Revolution – oder einer Kombination von beidem – vonstattengehen kann.

4 Struktur und Kultur

4.1 Fallstudie: Jungfraubahnen

Die Jungfraubahn Holding AG ist ein börsenkotiertes Unternehmen im Bereich Transport und Tourismus und möchte sich gemäss Vision in Richtung eines integrierten Freizeitunternehmens weiterentwickeln. Die Unternehmung betreibt ein Zahnradbahnsystem von Grindelwald und Lauterbrunnen auf die höchstgelegene Bahnstation Europas, das Jungfraujoch – Top of Europe. Diese internationale Tourismusattraktion zieht pro Jahr über eine Million Besucherinnen und Besucher aus der ganzen Welt, zu 70 Prozent aus interkontinentalen Märkten, an. Daneben betreibt die Jungfraubahn Holding AG weitere Bergbahnen zu Erlebnisbergen, wie z. B. die Gondelbahn auf First, die Bergbahn nach Mürren oder die Standseilbahn auf den Harder ob Interlaken. Im Winter betreibt die Unternehmung zusammen mit Partnerunternehmen die Jungfrau-Skiregion mit über 200 Pistenkilometern. Das Unternehmen ist in drei Segmente strukturiert: den internationalen Ausflugstourismus mit Fokus Jungfraujoch, die Erlebnisberge und den Wintersport. Daneben werden einige Nebenbetriebe wie ein eigenes Kraftwerk, Erlebnisangebote, eine Restaurantkette sowie Shops, unter anderem ein grosser Flagship-Store in Interlaken, betrieben.

- Mit ihren breiten Angeboten, weit verzweigten Betrieben sowie diversen Kundengruppen ist die Jungfraubahn Holding AG ein Unternehmen, das nach verschiedenen Gesichtspunkten organisiert werden könnte.

- So liesse sich die Organisation primär nach den «Produktionsbetrieben», d. h. nach den verschiedenen Bahnen und anderen Betriebsstätten (einzelne Bahnen, Kraftwerk, Restaurants) strukturieren.

- Es könnte eine Spartenorganisation umgesetzt werden, bei der die definierten Segmente im Vordergrund stehen.

- Es könnte aber auch eine Prozessorganisation realisiert werden, bei der einzelne Kunden- und Leistungsprozesse im Zentrum stehen.

Je nach gewählter Organisation ergeben sich andere Unterstellungsverhältnisse. So wären bei einer Betriebsorganisation die einzelnen Betriebe in Gruppen (z. B. Seilbahnen) zusammenzufassen. Der Vorteil hier dürfte im Fokus auf Technik und damit möglicherweise auf Kostenoptimierung liegen.

Bei einer Segmentorganisation würden verschiedene Betriebstypen (z. B. die Marketingorganisation in Asien, die Zugteams und Kundenbegleiter entlang der Hauptstrecke und die Gruppenrestaurants) dem Segment internationaler Sightseeing-Tourismus unterstellt werden. Bei einer prozessorientierten Organisation stehen die Kundenprozesse, von der Akquise über die Betreuung vor Ort bis zur Nachbetreuung, im Vordergrund.

Für die Führung der Jungfraubahnen ist klar, dass es nicht die eine richtige Organisation gibt. Die Organisation muss auf die jeweilige Herausforderung, Strategie und Zielsetzung angepasst werden. Bis zum Jahr 2000 wurde die Organisation auf Prozesse und Segmente ausgerichtet; damit sollte die Kundenorientierung des Angebots optimiert werden. Die Organisation war faktisch eine Matrixorganisation mit Verantwortlichen für die Hauptprozesse bzw. Segmente und die einzelnen Betriebe.

Ende 2020 ging mit der V-Bahn ein Generationenprojekt in Betrieb. Ausgehend von einem zentralen Terminal mit einem umfassenden Shop-Angebot erschliessen zwei neue Gondelbahnen, eine Ein-Seil-Umlaufbahn zum Männlichen und eine Drei-Seil-Umlaufbahn zur Station Eigergletscher, das Gebiet. Der neue Terminal sichert auch den Anschluss an den öffentlichen Verkehr. Mit einem Zahnradbahn-Shuttlebetrieb vom Eigergletscher auf das Jungfraujoch wird die Fahrtzeit auf das «Top of Europe» insgesamt um 47 Minuten verkürzt, was neue Marktsegmente erschliesst. Die V-Bahn wird auch zu neuen Besucherflüssen führen. Mit dem umfassenden Shopping- und Gastronomieangebot entlang der gesamten Strecke wird den Kundinnen und Kunden ein völlig neues Gesamterlebnis geboten (Jungfraubahn Holding AG, 2021).

Für die Sicherstellung des Betriebs dieser weitgehend neu gestalteten Angebote ist auch eine neue Organisation erforderlich. Diese richtet sich nach Betrieben und Betriebstypen aus. Dies macht unter anderem auch eine neue Leitungsstruktur auf Ebene der Geschäftsleitung nötig. Die bisherige Dreier-Geschäftsleitung mit einer erweiterten Geschäftsleitung von zehn Personen wird neu in eine grössere Geschäftsleitung mit insgesamt sechs Mitgliedern überführt. Diese Neuorganisation erfordert auch umfassende interne Kommunikations- und Entwicklungsprozesse.

Eckwerte:

- Die Jungfraubahn wird im Jahr 1896 gegründet; die Börsenkotierung der Jungraubahn Holding AG erfolgt im Jahr 1994.
- Die Holding verfügt heute über elf Tochtergesellschaften.
- Im Jahr 2019 beschäftigt die Unternehmung über 600 Mitarbeitende (Vollzeitäquivalent, FTE).
- Der Betriebsertrag liegt 2019 bei CHF 223 Mio.

Diskussionsfragen:

A. Welches sind die Vor- und Nachteile der Organisation vor und nach der V-Bahn?
B. Welche Strategie wird mit der alten, welche bei der neuen Organisation besser unterstützt?
C. Welches sind die wesentlichen Herausforderungen bei der Gestaltung des entsprechenden organisationalen Wandlungsprozesses?

4.2 Verortung von Struktur im St. Galler Management-Modell

Der Begriff «Organisation» kann auf (mindestens) drei Arten verstanden werden (Thommen et al., 2017, S. 434):

- *Gestalterisch:* eine Organisation wird organisiert.
- *Instrumentell:* eine Organisation hat eine Organisation.
- *Institutionell:* eine Organisation ist eine Organisation.

Aus der instrumentellen Perspektive braucht eine Organisation oder eine Unternehmung Strukturen als Ordnungsmomente (Rüegg-Stürm & Grand, 2020, S. 97). Strukturen beziehen sich in diesem Zusammenhang vor allem auf formale Festlegungen, damit geklärt ist, welche Bereiche, Einheiten oder Stellen welche Aufgaben erfüllen, wer wem gegenüber weisungsbefugt und mit welcher Verantwortung ausgestattet ist. Allgemeiner formuliert sind Strukturen Regeln (die sich eine Organisation gibt oder die sich über die Zeit entwickeln), die den Mitgliedern Orientierung bieten. Aus Giddens Strukturationstheorie kann gefolgert werden, dass jedes soziale Handeln automatisch Strukturen erzeugt (vgl. Giddens, 1986). Bei jedem Zusammentreffen von Menschen werden diese z. B. automatisch in verschiedene Rollen eingeteilt. So entstehen neben den formalen Strukturen auch informelle Strukturen, Rollenverteilungen und Regeln (z. B. implizite Hierarchien und «graue Eminenzen»).

Strukturen prägen eine Kultur (vgl. Kap. 4.6); gleichzeitig wird die Struktur respektive ihre Funktionsweise durch die vorherrschende Kultur geprägt. Die Kultur einer Organisation umfasst die grundlegenden Verständnisse, Werte und Normen, die sich in den Handlungen, Kommunikationsweisen, Entscheidungen, in den Strukturen sowie in Artefakten (z. B. in Gebäuden oder Büros) ausdrücken. In diesem Sinn bedingen sich Kultur (Norm) und Struktur (Organisation) gegenseitig. Darüber hinaus ist die Kultur einer Organisation nicht homogen, sondern es entstehen auch Gruppen- oder Subkulturen. Dies geschieht z. B. dann, wenn bei zunehmender Spezialisierung die jeweiligen Fachkräfte zusammenarbeiten, ihre eigene Fachsprache, Verständnisse und Werte ausbilden und sich so nach aussen abgrenzen.

Dabei sollen organisationale Strukturen (im Sinn von Chandler, 1962; erweitert nach Osterloh & Frost, 1996) ausgestaltet sein, um die Umsetzung der Strategie und die darauf ausgerichteten Kernprozesse möglichst gut zu unterstützen. Als Leitspruch gilt: «Structure follows Strategy» (Effektivität). Im Zug des Trends zum «Business Reengineering» (Reorganisation der geschäftlichen Abläufe) wird daraus in den

1990er-Jahren «Structure follows Process» sowie «Process follows Strategy» im Fall von strategischem Prozessmanagement (Osterloh & Frost, 1996, S. 7). Damit ist gemeint, dass sich Prozesse an der zugrundeliegenden Strategie, und Strukturen wiederum an den Prozessen orientieren sollen. Die Organisation einer Unternehmung ist also das letzte Glied in dieser Kette und soll entsprechend der Strategie und den Prozessen ausgestaltet sein.

Im nächsten Unterkapitel folgt eine detailliertere Betrachtung der möglichen Ausgestaltung von Organisationsstrukturen. Dabei werden die vier organisationalen Grundtypen vorgestellt: Stab-Linien-Organisation, Matrixorganisation, Netzwerkorganisation und Prozessorganisation.

4.3 Grundtypen von Organisationsstrukturen

Die vier Grundtypen von Organisationsstrukturen beruhen auf unterschiedlichen Zugängen zu Organisationen. Jeder Typ (Abbildung 4-1) hat seine eigenen Vor- und Nachteile bzw. Herausforderungen, welche nachfolgend erläutert werden.

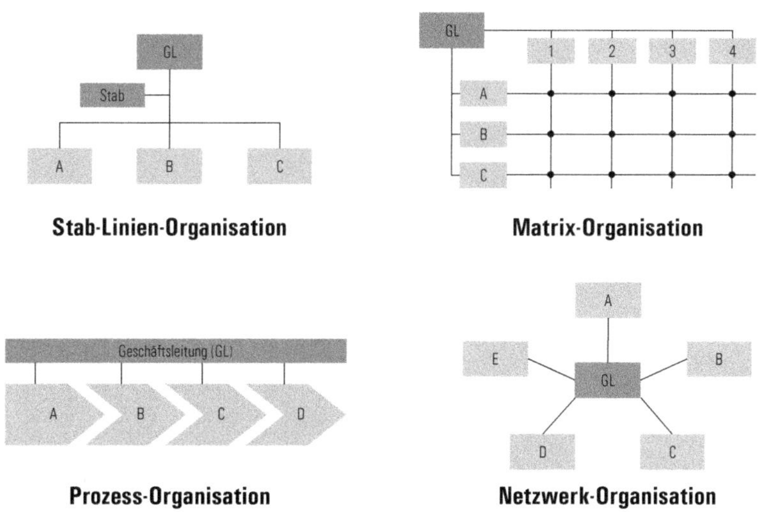

Abbildung 4-1: Vier Grundtypen von Organisationsstrukturen

4.3.1 Stab-Linien-Organisation

Eine Organisation kann nach verschiedenen Dimensionen strukturiert werden, so z. B. nach Funktionen oder Divisionen. Ziel einer Stab-Linien-Organisation ist die Sicherstellung einer möglichst weitgehenden Spezialisierung. Gleichartige Tätigkeiten werden zusammengefasst und unter eine klare hierarchische Führungslinie gestellt. Stabsstellen ergänzen diese Strukturen mit Spezialfunktionen. Bei einer typischen Linien-Organisation nach Funktionen (Abbildung 4-2) erfolgt Wachstum durch weitere Ausdifferenzierung, das heisst, wenn eine Fachabteilung wie Forschung und Entwicklung eine kritische Grösse (z. B. 20 Personen) überschreitet, wird sie weiter unterteilt, z. B. in eine Abteilung für Forschung und eine Abteilung für Entwicklung. Bei einer Stab-Linien-Organisation nach Divisionen (Abbildung 4-3) können ganze Geschäftsbereiche relativ einfach integriert oder herausgelöst werden, da (abgesehen von den zentralen Dienstleistungsbereichen wie z. B. Finanzen, Personal und Recht) die verschiedenen Divisionen relativ selbständig am Markt operieren.

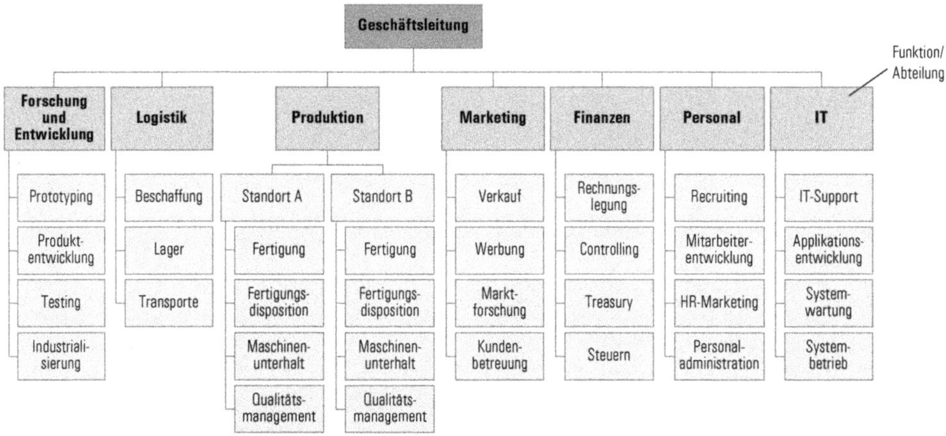

Abbildung 4-2: Beispielhafte Stab-Linien-Organisation nach Funktionen
Quelle: Rüegg-Stürm und Grand (2020, S. 100)

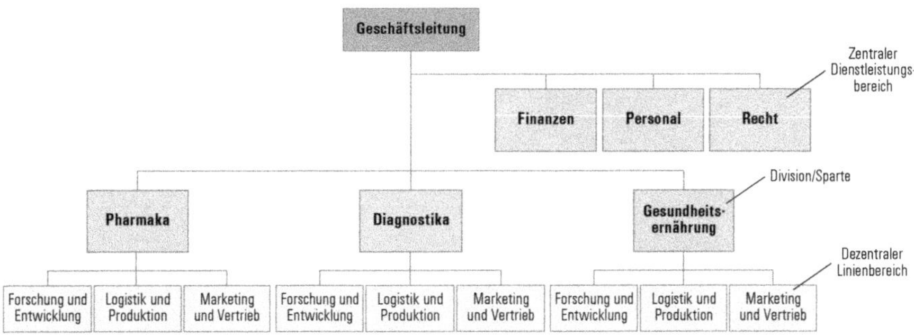

Abbildung 4-3: Beispielhafte Stab-Linien-Organisation nach Divisionen

Quelle: Rüegg-Stürm und Grand (2020, S. 101)

4.3.2 Matrix-Organisation

Eine weitere Strukturierungsmöglichkeit ist diejenige nach Geschäftseinheiten oder Kundengruppen. Dies führt häufig zu einer Matrix-Organisation. In einer Matrix-Organisation wird meistens eine primäre Dimension definiert (Kundengruppen oder Geschäftseinheiten), die dann auf die einzelnen Funktionen (Abbildung 4-4) oder Regionen (Abbildung 4-5) zugreift. Eine Herausforderung in diesen Organisationen ist jeweils die Handhabung von Konflikten in den Knotenpunkten zwischen den beiden Dimensionen, z. B. zwischen den Anliegen einer zentralen Kommunikationsabteilung und denjenigen einer Geschäftseinheit.

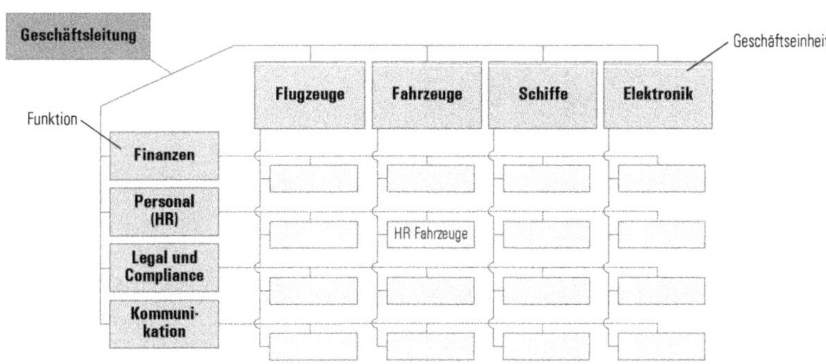

Abbildung 4-4: Beispielhafte Matrix-Organisation, strukturiert nach strategischen Geschäftseinheiten und Funktionen

Quelle: nach Rüegg-Stürm und Grand (2020, S. 102)

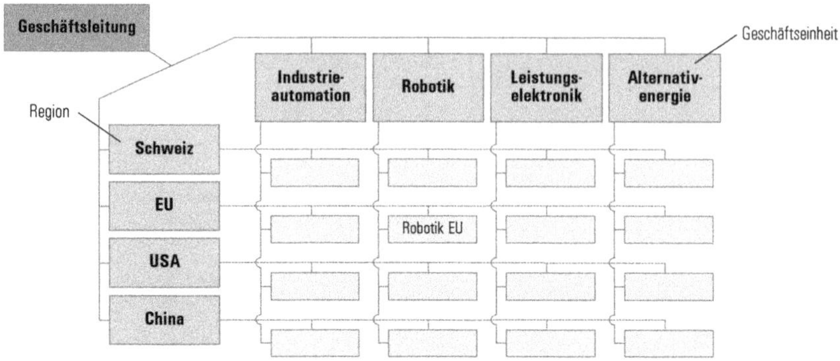

Abbildung 4-5: Beispielhafte Matrixorganisation, strukturiert nach strategischen Geschäftseinheiten und Regionen

Quelle: Rüegg-Stürm und Grand (2020, S. 102)

4.3.3 Netzwerk-Organisation

Eine dritte Möglichkeit ist die Gestaltung als Netzwerk-Organisation (Abbildung 4-6). Bei einer Netzwerk-Organisation bestehen weitgehend unabhängige Einheiten mit hoher Entscheidungsautonomie, die bezüglich gewisser Standards zentral durch ein fokales Element geführt werden. Typische Beispiele sind Firmenholdings (Dachgesellschaften mit dem Zweck, Kapitalbeteiligungen an anderen Unternehmen zu halten), bei denen der Firmenhauptsitz keine Struktur, sondern nur einzelne Ziele, z. B. Finanz- und Qualitätsziele, vorgibt.

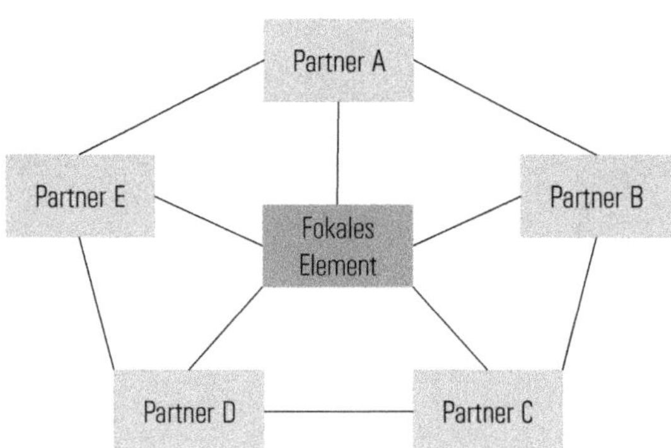

Abbildung 4-6: Beispielhafte Darstellung einer Netzwerk-Organisation

4.3.4 Prozess-Organisation

Eine vierte Möglichkeit ist die Prozess-Organisation (Abbildung 4-7). Hier ist das Ziel, die einheitliche Gesamtverantwortung für einen Prozess und damit eine möglichst hohe Qualität und Effizienz der Abwicklung aus einer Hand sicherzustellen. Die Herausforderung einer Prozessorganisation ist die Abstimmung zwischen den einzelnen Prozessen sowie zwischen allfällig noch bestehenden Fachabteilungen entlang der Prozesse. Die Verknüpfung der Prozesse (z. B. der Personalbeschaffung im HR mit den Leistungsprozessen einzelner Betriebsstätten) erfordert Abstimmung von Kommunikations-, Arbeits-, und Informatikprozessen. Durch optimiertes «Prozess-Engineering» mit fix gekoppelten Informations- und Kommunikationsprozessen können Organisationen allerdings auch «erstarren».

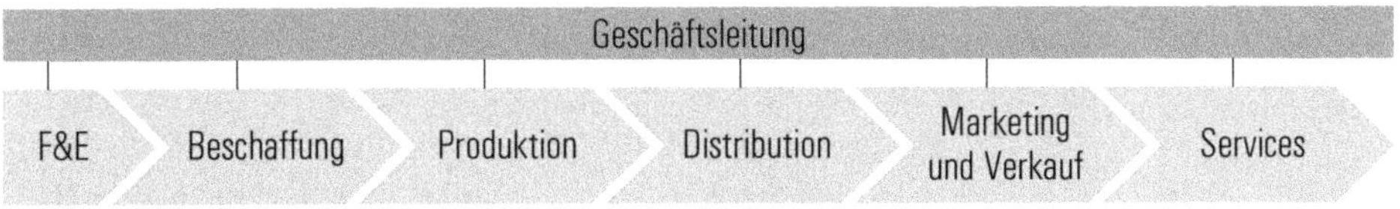

Abbildung 4-7: Kernprozess als Wertkette

4.4 Determinanten von Organisationsstruktur

Verschiedenste Faktoren haben einen Einfluss auf die Gestaltung einer Organisationsstruktur. Neben Effektivität («Structure follows Process follows Strategy») und Effizienz (Produktivität, was in Theorie bei Skaleneffekten zu maximaler Ausdifferenzierung bzw. Spezialisierung führt) gelten auch andere Ziele. Dazu gehören die Steuerbarkeit der Organisation und die Ausrichtung auf die betroffenen Menschen (Vermeidung von Monotonie, Gewährleistung von Arbeitssicherheit, Sicherstellung der Freiräume und Gestaltungsmöglichkeiten für intrinsische Motivation, vgl. auch Kap. 5.2). Zudem gibt es in vielen Industrien durch die Regulierungsbehörden vorgegebene Standards für die Organisation, sodass gewisse Fachabteilungen wie etwa eine interne Revision («Auditing») eingerichtet werden müssen.

Aufgrund dieser Zielvielfalt ergibt sich nicht die eine optimale Organisationsstruktur. Die Organisationsstruktur hängt vielmehr von den Schwerpunkten an Aufgaben und vordergründigen Zielen ab, die sich je nach Entwicklungsphase einer Organisation unterscheiden können. So braucht es für ein Unternehmen in einer Wachstumsphase eine stärkere Ausrichtung auf Märkte und klar abgegrenzte Verantwortungen, um nach Erfolgszielen zu arbeiten. In einer kreativen Startup-Phase dürfte dagegen eine offene, interdisziplinäre Teamstruktur zentral sein. Nachfolgend werden zentrale interne und externe Determinanten von Organisationsstruktur vorgestellt.

4.4.1 Ökonomische Effekte

Aus ökonomischer Sicht geht es bei der Gestaltung einer Struktur darum, möglichst gute Voraussetzungen für den Aufbau und die Nutzung von strategischen Wettbewerbsvorteilen zu schaffen (vgl. «Structure follwos Strategy»), was hier am Beispiel der Nutzung von ökonomischen Effekten (sog. «Economies», vgl. auch Kap. 3.4.1) illustriert wird.

- Wenn die spezifischen Bedingungen einer Produktion *Skaleneffekte* ermöglichen, so sind möglichst gleichartige Tätigkeiten zusammenzufassen. Wenn bei der Produktion von Mikrochips die Herstellung der entsprechenden Leiterplatten klar strukturierte Produktionsprozesse und Maschinen, die mit steigender Produktionszahl zunehmend effizienter und sicherer werden, erfordern, dann lohnt es sich, diese Produktion weltweit auf ein paar wenige Zentren zu konzentrieren und diese mit einer klaren funktionalen Stab-Linien-Organisation (gegliedert nach Funktionen) unter eine einheitliche Leitung zu stellen. Stark hierarchische Stab-Linien-Organisationen werden verwendet, um die Koordination hochspezialisierter Tätigkeiten bestmöglich zu unterstützen. Gleichartige Tätigkeiten werden durch möglichst klare Standards und Controlling-Vorgaben koordiniert. Ein Beispiel sind Unternehmen, die Massengüter wie Stahl produzieren, bei denen für jedes Leistungselement (z. B. Transport oder Qualitätskontrolle) spezialisierte Abteilungen entwickelt werden.
- *Lerneffekte* bieten Kosten-, aber auch Qualitätsvorteile gegenüber der Konkurrenz. Das Total der produzierten Leistungen wie die Fallzahl spezifischer Operationen an einem Spital wird zu einem Wettbewerbsfaktor. Die Überlegung dabei ist, dass Operateure, die einen Eingriff häufiger durchführen, sowohl besser und effizienter operieren als auch besser mit möglichen Komplikationen umgehen können. Zudem ist von Vorteil, dass diese Fach-

personen kontinuierlich auf dem aktuellen Stand des sich ständig erweiternden Fachwissens sind. Aus diesem Grund werden Behandlungen nach Fachgebieten an einem Ort gebündelt, weshalb Spitäler oft eine divisionale Stab-Linien-Organisation (gegliedert nach Divisionen) aufweisen, bei der auch die fachliche Verantwortung eindeutig in der jeweiligen Division (Klinik) verortet ist.

- Ist ein Geschäft durch sehr starke *Netzeffekte* geprägt, so muss das Ziel einer Organisation darin bestehen, ein möglichst rasches Wachstum der Unternehmung zu erleichtern und gleichzeitig den Zusammenhalt zu sichern. In diesem Fall kann eine Netzwerkorganisation, z. B. auf der Basis eines Franchising-Systems, geeignet sein. Unabhängige Betriebsleiter, die auch selbst die wirtschaftliche Verantwortung tragen, werden lose über ein Vertragswerk geführt. Netzwerke bieten sich als Organisationsform an, wenn weitgehend unabhängig agierende Einheiten selbständige Leistungen für den Kunden erbringen, die mit Blick auf den Kundennutzen integriert und aufeinander abgestimmt werden. Bei einer Billig-Airline werden z. B. für jeden Standort integrierte «Produktionszellen», die einige Flugzeuge betreiben, lose geführt. Bis zu einem gewissen Grad koordinieren sich diese einzelnen Elemente des Gesamtnetzwerks unabhängig (z. B. Austausch von Fachwissen oder Hilfe bei Engpässen durch direkte Kontakte mit anderen «Produktionszellen»). Auch in der Filmbranche finden sich unterschiedliche Unternehmen netzwerkartig zusammen für die gemeinsame Produktion. Im Gesundheitswesen sind Versorgungsnetzwerke zu finden, in denen Spitäler, Arztpraxen, stationäre und ambulante Pflegeeinrichtungen zusammenarbeiten, um eine möglichst integrierte Versorgung der Bevölkerung in ihrer Umgebung anzubieten.
- Bestehen ausgeprägte *Verbundeffekte*, wenn z. B. eine umfassende Kundenbetreuung zu einer erhöhten Zahlungsbereitschaft führt, so lohnt es sich, die Organisation auf eben diese Kundenprozesse auszurichten und mit einem «One-Stop-Shop» optimale Servicequalität «aus einer Hand» für die Kundinnen und Kunden zu bieten. Ein Beispiel für eine Prozessorganisation sind Finanzdienstleistungsunternehmen, bei denen eine nach Kunden oder Kundengruppen gegliederte Organisation im Vordergrund steht. Die einzelnen Kundenbetreuerinnen koordinieren alle Dienstleistungen aus den verschiedenen Bereichen der Bank für ihre jeweiligen Kundinnen und Kunden. Sie haben damit auch nach innen ein Primat gegenüber anderen Organisationsdimensionen (z. B.

gegenüber den einzelnen Funktionen wie Finanzen, Personal und Logistik). Eine auf Kunden oder Prozesse ausgerichtete Struktur findet sich auch an Hochschulen: Übergreifende Prozesse wie der Aufnahmeprozess an einer Universität stehen dabei unter einer Leitung; die Koordination erfolgt entlang der Prozesse.

Die Struktur einer Organisation kann sich nicht nur auf die ökonomischen Gesichtspunkte ausrichten. Es gilt insbesondere auch die Ansprüche der Innen- und Aussenwelt der Organisation zu beachten. Oft überlagern sich auch unterschiedliche Organisationsformen: Dies ist z. B. der Fall, wenn die einzelnen Elemente einer Netzwerkorganisation intern hierarchisch aufgebaut sind oder wenn sämtliche kundenorientierten Aktivitäten als Prozessorganisation ausgestaltet sind, die Gesamtunternehmung aber als funktionale Stab-Linien-Organisation aufgestellt ist.

4.4.2 Rechtliche Faktoren

Die Festlegung der Struktur einer Organisation gehört auch aus rechtlicher Sicht zu den wichtigsten Führungsaufgaben der Oberleitung einer Gesellschaft. Entsprechend ist diese Aufgabe auch explizit in Artikel 716a (Absatz 1, Ziffer 2) des Schweizerischen Obligationenrechts als unentziehbare Aufgabe des Verwaltungsrats einer Aktiengesellschaft geregelt (vgl. Kap.5.6). Während das Gesellschaftsrecht (vgl. Binder, 2020) gewisse Vorgaben zur Umsetzung von organisationalen Strukturen macht, werden viele organisationale Konfigurationen auch über Vertragsrecht (vgl. Roberto, Stehle & Wildhaber, 2020) geregelt.

- So kann eine *Stab-Linien-Organisation* als hierarchische Organisation von internen Abteilungen (mit Linienunterstellungen und Führungsunterstützungsstäben) über ein Organisationsreglement geregelt oder auch als System von Tochtergesellschaften mit gegenseitigen vertraglichen Vereinbarungen organisiert werden.
- Eine *Matrix- oder Prozessorganisation* kann auch intern über ein System von Service-Verträgen gesteuert werden (vgl. Ellis, 2004). Im Endeffekt kann damit eine Art interner Markt geschaffen werden: Fachabteilungen müssen sich bei den einzelnen Geschäftsfeldern oder Prozessen mit ihren Leistungen bewerben. Im Extremfall kann die interne Fachabteilung (z. B. die Kommunikationsabteilung) auch dem Wettbewerb mit externen (z. B. Kommunikationsagenturen) ausgesetzt werden. Wenn eine verantwortliche Person für einen Prozess oder ein Geschäftsseg-

ment nicht zufrieden mit internen Leistungen ist, so kann diese zu einem externen Leistungserbringer wechseln. Fachabteilungen könnten in dieser Extremvariante sogar als eigene Tochterunternehmen ausgestaltet werden.

- Eine *Netzwerkorganisation* kann innerhalb einer juristischen Einheit, aber auch über ein System von ganz, mehrheitlich oder teilweise beherrschten Tochtergesellschaften mit eigener Rechtspersönlichkeit, oder auch durch ein Franchisesystem mit unabhängigen, durch Verträge gebundenen juristischen Personen realisiert werden.

4.4.3 Entwicklungen in der Umwelt

Eine organisationale Struktur muss im Kontext von Wettbewerb und Strategie sowie angesichts dynamischer Umweltentwicklungen und sich ändernden Erwartungen von internen und externen Anspruchsgruppen laufend hinterfragt werden. Dies gilt nicht nur für wirtschaftliche Unternehmen, sondern für alle Organisationstypen (vgl. Kap. 1.6). Die militärischen Streitkräfte waren in der Zeit der klassischen nationalstaatlichen Konflikte des 19. und 20. Jahrhunderts als Massenheere hierarchisch und mit hoher Spezialisierung organisiert. Es gab Infanterie- und Artillerieeinheiten, die nach technischen Besonderheiten gegliedert waren. In der heute häufig asymmetrischen Kriegsführung, bei der nicht mehr Nationalstaaten, sondern teilweise selbstdefinierte «Warlords» und Rebellengruppen Kämpfe führen, sind auch von den Armeen flexible Organisationsformen gefordert.

Autonome Trupps, die alle notwendigen Spezialisierungen integrieren, folgen während des Ernstfalls bei dieser neuen Art von Konflikten einer Netzwerkorganisation. Die Umstellung von den hierarchischen Armeen zu flexiblen Netzwerken mit Spezialkräften ist eine zentrale Erkenntnis aus den neueren Konflikten im mittleren Osten (z. B. in Afghanistan). Treffend hat der US-General McChrystal (2011) diesbezüglich formuliert, dass ein Netzwerk nur mit einem Netzwerk zu bezwingen sei. Dies dürfte auch für die Wirtschaft gelten: Eine hierarchisch geführte Gastronomiegruppe kann ein flexibles Netzwerk an weitgehend selbständigen, motivierten, unternehmerisch geführten Gastronomiebetrieben, welche agil auf die lokalen Märkte reagieren, im Wettbewerb kaum schlagen.

4.4.4 Wachstum und interne Spezialisierung

Neben strategischem Wandel sind Wachstum kombiniert mit Spezialisierung wesentliche Treiber der organisationalen Entwicklung (Rüegg-Stürm & Grand, 2020). Wachstum führt zu grösseren Organisationen, was verschiedene Herausforderungen schafft:

- Um zu grosse Führungsspannen (d. h. zu viele direktunterstellte Personen) zu verhindern, werden insbesondere in Stab-Linien-Organisationen mehr hierarchische Ebenen eingeführt. Zusätzliche Hierarchiestufen führen zu einer Verlängerung der Dienstwege, was die Kommunikations- und Entscheidungsprozesse verlangsamt. Tendenziell entstehen auch hierarchische Barrieren, indem einzelne Ebenen (z. B. das mittlere Management) eine eigene Identität mit eigenen Artefakten (z. B. reservierte Kantinenplätze) entwickeln und eigene Arbeitsweisen mit eigenen Agenden praktizieren.
- Um von der in grösseren Organisationen möglichen stärkeren Arbeitsteilung zu profitieren, werden ähnliche Funktionen in Spezialabteilungen zusammengefasst. Funktionale Spezialabteilungen können jedoch zu Silodenken führen (siehe Kap. 1.4). Mitarbeitende orientieren sich immer mehr an den Standards der eigenen Berufsgruppe, z. B. an den Besonderheiten einer Produktionsabteilung, der Identität des Marketings oder des Controllings. Mit dieser Ausrichtung an diesen Standards und der täglichen Zusammenarbeit entwickeln sich eigene Begriffe und Jargons, Verständnisse des Funktionierens der Organisation und des Erfolgs. Diese Entwicklung wird durch funktionale Weiterbildung, oder wenn bestimmte Berufe eigene Zulassungsvoraussetzungen entwickeln (z. B. im Anwaltswesen oder in der Medizin), verstärkt. Eine solche Ausdifferenzierung in Spezialgebiete fördert innerhalb der Abteilung die effektive und effiziente Zusammenarbeit. Gleichzeitig entsteht das Risiko, dass die Abstimmung zwischen ausdifferenzierten Abteilungen schwieriger wird. Die Herausforderung der übergeordneten Stufe, diese Grenzen zu überbrücken und damit die integrative Bewältigung von Managementaufgaben zu ermöglichen, nimmt zu. Dies ist z. B. der Fall, wenn die Geschäftsleitung zwischen Controlling (mit einem Fokus auf eher kurzfristige Erfolgskennzahlen) und Marketing (mit Fokus auf längerfristige, schwer messbare Reputationsziele) vermitteln muss.

Zusammen erzeugen diese funktionalen und hierarchischen Barrieren eine fragmentierte Organisation. Fragmentierung meint, dass sich verschiedene operative Inseln bilden (Abbildung 4-8). So besteht die Gefahr, dass eine Fachabteilung, häufig noch differenziert nach Hierarchiestufen (z. B. Sachbearbeitende des Controllings), eigene, eher am funktionalen Berufsstand und an der hierarchischen Ebene orientierte Ziele entwickelt und dabei die Organisationsziele vernachlässigt (Hörrmann & Tiby, 1990; Vahs, 1997). Es braucht deshalb in jeder Organisation Massnahmen, um mit solchen Entwicklungen umzugehen, ihnen vorzubeugen und einen Zusammenhalt zu sichern. Dazu gehören «Boundary Spanning Tools» wie Managementmodelle, Business Planning oder entsprechende Führungs- und Kommunikationsmassnahmen (vgl. auch Kap. 1.4).

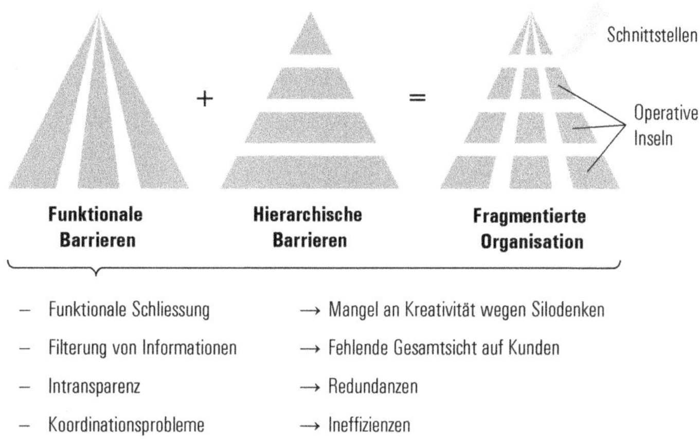

Abbildung 4-8: Konstruktionsmängel traditioneller Organisationsformen

Quelle: in Anlehnung an Hörrmann und Tiby (1990, S. 76)

4.5 Umsetzung von Organisation

Bei der konkreten Ausgestaltung einer Organisationsstruktur geht es um eine auf die Ziele abgestimmte Verteilung der unterschiedlichen Aufgaben. Die kleinste Einheit zur Bündelung von Aufgaben in der Organisationsstruktur ist die Stelle. Auf einer nächsten Stufe können Stellen mit gleichartigen oder ergänzenden Tätigkeiten zu Abteilungen zusammengefasst werden. Diese Abteilungen wiederum können – je nach Grösse des Unternehmens und je nach Organisationsstruktur – wiederum zu grösseren Einheiten wie z. B. Sparten zusammengefasst werden.

Auf allen Stufen (Stelle, Abteilung, Sparte) ist es zentral, jeweils die Aufgaben, Kompetenzen und Verantwortung der einzelnen Einheiten zu definieren und aufeinander abzustimmen. Dies erfolgt z. B. mit Hilfe von Funktionendiagrammen (Abbildung 4-9). Innerhalb solcher Diagramme werden Aufgaben den Einheiten zugeordnet; bei den einzelnen Positionen wird festgelegt, was die Befugnisse sind (z. B. Planung, Entscheidung, Mitsprache, Ausführung, Genehmigungsvorbehalt). In der Praxis haben sich verschiedene Schemata wie z. B. RACI (Responsible, Accountable, Consulted, Informed; Jacka & Keller, 2009) durchgesetzt. Funktionendiagramme ermöglichen nicht nur eine Übersicht, sondern auch die Überprüfung der Einhaltung von organisationalen Grundsätzen wie die Vermeidung von Doppelzuständigkeiten (wenn z. B. zwei Stellen in der gleichen Sache entscheiden).

Organisation und Personal	Verwaltungsrat (VR)	Präsidentin des VR	Delegierte des VR	Sekretariat des VR	Geschäftsleitung (GL)	Externe Beraterin (EB)
Festlegung des Grundsatzorganigramms und des Organisationsreglements	E/K		V		A	B
Festlegung und Änderung des Funktionendiagramms	E		A/V		A	B
Einberufung des VR, Festlegung der Traktanden und Unterlagenbereitstellung		E/V		A		
Festlegung des Informations- und Berichtsystems	E/K		A		A	
Festlegung der Personalpolitik; insbesondere Ernennung der GL-Mitglieder	E/K		A		A	
Anstellen, Entlassen und Befördern von GL-Mitgliedern	E	V	A		A	
Anstellen, Entlassen und Befördern von übrigen Mitarbeitenden	I	E		A		
Festlegung des Lohn- und Qualifikationssystems	I	E		A		
Organisation der Personalvorsorge	E	A/K		A/V		
Festlegung von Aufgaben, Kompetenzen und Verantwortlichkeiten auf Stufe GL und höher	E	K				
Festlegung von Aufgaben, Kompetenzen und Verantwortlichkeiten unterhalb Stufe GL		I		E		

Legende: A: Antragsstellung/Vorbereitung | B: Beratung | E: Entscheid/Beschluss/Genehmigung | I: Informationsanspruch | K: Kontrolle | P: Protokoll | V: Vollzug

Abbildung 4-9: Funktionendiagramm zum Themenfeld «Organisation und Personal»
Quelle: nach Müller (2007)

Für komplexere Projekte und Aufgaben werden Instrumente der Ablauforganisation eingeführt. Die *Aufbauorganisation* (d. h. der strukturelle Aufbau des Unternehmens in organisatorische Einheiten) und die *Ablauforganisation* (d. h. die Festlegung der Arbeitsprozesse im Unternehmen) hängen sehr eng zusammen (Thommen et al., 2017, S. 438). Die beiden Begriffe sind als unterschiedliche Perspektive auf dasselbe Objekt, nämlich die Organisation eines Unternehmens zu versehen: Während die Aufbauorganisation den organisatorischen Rahmen festlegt, regelt die Ablauforganisation die Arbeitsprozesse, die innerhalb dieses Rahmens vollzogen werden sollen.

Der Fokus auf die Ablauforganisation wird z. B. dann gewählt, wenn die Aufbauorganisation die Durchführung von komplexen Projekten und Aufgaben erschwert und ein genauerer Blick auf die Prozesse hilfreich ist. Wenn z. B. für ein Projekt oder für einen komplexen Kundenauftrag Mitglieder unterschiedlicher Abteilungen benötigt werden, dann erschweren die Dienstwege einer Stab-Linien-Organisation die Abstimmung zwischen diesen Mitgliedern. Anhand der Ablauforganisation können die einzelnen Prozesse auf einzelne Einheiten zugeordnet und ihre Abhängigkeiten und Bedingtheiten zeitlich und inhaltlich dargestellt werden. Bei einer Prozessorganisation ist die Verbindung zur Ablauforganisation am stärksten.

Vorgänge, die durch Ablauforganisation strukturiert werden können, sind z. B. die Erteilung einer Baubewilligung in einer Verwaltung, die Planung und Lieferung einer bestimmten Produktionsanlage bei einem Maschinenbauunternehmen oder der Notfalleingriff mit Nachbehandlung in einem Spital. Bei all diesen Beispielen werden einzelne Prozessschritte bezüglich zeitlicher Abhängigkeiten und Zuständigkeit von Stellen durchgeplant. Klassische Instrumente sind dabei das Balkendiagramm (vgl. Wellman & Zelms, 1995) oder die Netzplantechnik (vgl. Osterloh & Frost, 1996). Ablaufplanung ist auch die Grundlage für die Gestaltung vieler Informatikinfrastrukturen (vgl. Österle, 1995, S. 85).

Beim Balkendiagramm werden die unterschiedlichen Prozesse und Prozessschritte als horizontale Balken auf einer Zeitachse eingetragen und bei Bedarf auch den einzelnen Einheiten zugeordnet (Abbildung 4-10). Diese Technik findet insbesondere bei der Terminplanung von Projekten Anwendung.

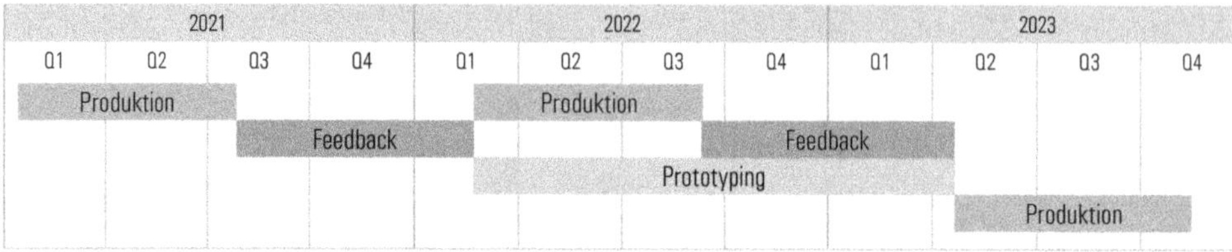

Abbildung 4-10: Beispielhafte Darstellung eines Balkendiagramms

Bei der Netzplantechnik werden einzelnen Prozesse und Prozessschritte miteinander verkettet und in einem Netzplan als grafische Abfolge von Vorgängen dargestellt (Abbildung 4-11). Da eine Aktivität mehrere vor- oder nachgelagerte Prozesse haben kann, resultiert ein Netz an Vorgängen, die miteinander verknüpft sind.

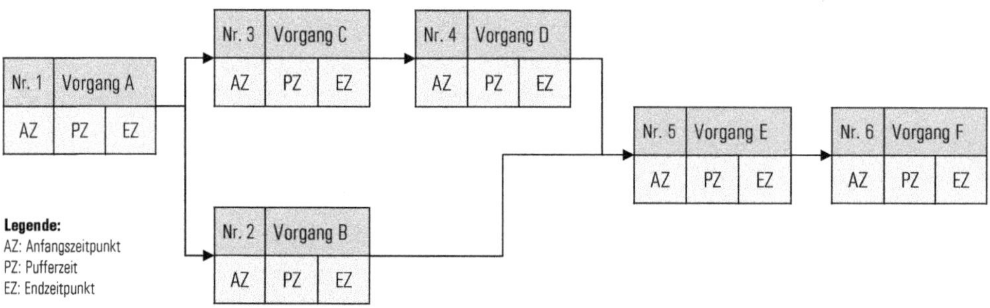

Abbildung 4-11: Beispielhafte Darstellung der Netzplantechnik

Zu beachten ist, dass jede Organisation eine formelle und eine informelle Dimension hat (Krackhardt & Hanson, 1993). Formale Dienstwege, Hierarchien oder Abläufe werden überlagert durch emotionale Beziehungen, Freundschaften und andere persönliche Netzwerke. Diese zusätzlichen Ebenen definieren Informationsflüsse, aber auch Abhängigkeiten (z. B. wenn ein im Unternehmen untergebener Mitarbeitender im Tennisclub der Captain ist). Ein Organigramm bildet als Visualisierung der formalen Struktur nur einen Teil der organisationalen Wirklichkeit ab. Es zeigt zwar hierarchisch klare Unterstellungsverhältnisse und offizielle Dienstwege; diese widerspiegeln aber nicht zwingend die gelebten Interaktionen und informellen Ordnungen einer Organisation (Abbildung 4-12). Parallel zur formalen Festlegung können sich über die Zeit noch weitere, weniger sichtbare Strukturen entwickelt haben, die ebenfalls wirksam sind. So können z. B. gegenseitige Ratschläge auf anderen

Pfaden eingeholt und Vertrauensbeziehungen über andere Instanzen gepflegt werden, als dies das Organigramm vermuten liesse.

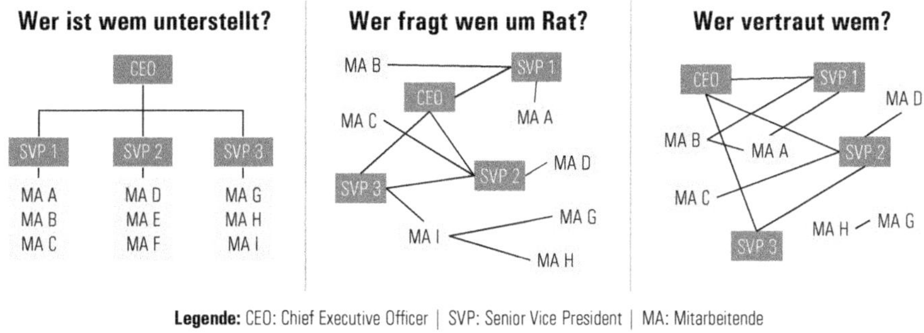

Abbildung 4-12: Formale versus informale Organisation
Quelle: in Anlehnung an Krackhardt und Hanson (1993)

4.6 Kultur

Peter Drucker wird der Ausspruch «Culture eats Strategy for Breakfast» zugeschrieben. Diese plakative Aussage drückt aus, dass eine Strategie und eine Organisation nur in Übereinstimmung mit einer entsprechenden Kultur funktionieren. Gleichzeitig gestaltet eine Organisation eine Kultur, indem sie z. B. eigene Abgrenzungsmechanismen nach aussen und Integrationsmechanismen nach innen bildet. Abgrenzungsmechanismen nach aussen können kultureller oder struktureller Art sein (z. B. das Geschäftsgeheimnis, das den Austausch mit und von Mitarbeitenden mit Kolleginnen und Kollegen von anderen Unternehmen eingrenzt). Nach innen wirken Wertvorstellungen oder auch Begrifflichkeiten, die eine spezifische Unternehmenskultur zum Ausdruck bringen und von anderen Organisationen unterscheidbar machen.

4.6.1 Interpretation

Die Identifizierung und Gestaltung einer Organisationskultur ist von grosser Bedeutung. Diese steht für die Art und Weise, wie mit Entscheiden und Sachverhalten umgegangen wird. Die Kultur richtet sich an einem «gemeinsamen Sinn- und Bedeutungshorizont» aus und dient als «gemeinsam nutzbare Interpretationshilfe», die den Mitarbeitenden eine angemessene Deutung der Ereignisse und Entwicklungen einer Organisation und ihrer Umwelt erlaubt (Rüegg-Stürm & Grand, 2020, S. 105). Auch wenn die Organisationskultur implizit wirksam ist, wird sie oft in materialisierter Form sicht- und lesbar. Solche «Artefakte» der Kultur können Bürogestaltung, Erwartungen zu Arbeitszeiten oder Versorgungsarrangements sein. Zu beachten ist auch, dass Kultur sich über die Zeit entwickelt, also eine tief sitzende historische Komponente aufweist (Rüegg-Stürm & Grand, 2020, S. 104).

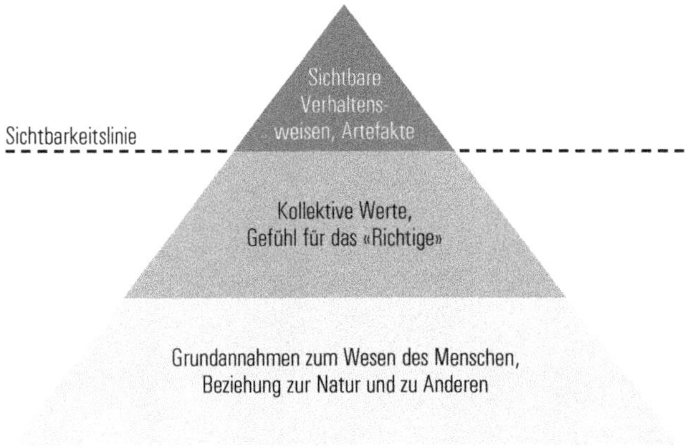

Abbildung 4-13: Kulturebenen-Modell
Quelle: in Anlehnung an Schein (1985, S. 26)

Die Gestaltung einer Organisationskultur setzt voraus, dass diese überhaupt erst erfasst werden kann. Dafür gibt es verschiedene Ansätze. Ein weit verbreiteter Ansatz ist das Kulturebenen-Modell von Schein (Abbildung 4-13), das verschiedene Ebenen unterteilt (Schein, 1985):

- Eine Kultur besteht auf ihrer untersten Ebene aus sogenannten *Grundprämissen,* im Fall einer Organisationskultur aus den grundsätzlichen Annahmen über die Umwelt. Eine Unternehmung kann z. B. ihre Umwelt primär als kompetitiv oder als kooperativ wahrnehmen. Relevant ist auch die Frage, welche Funktion und welchen Zweck die Organisation in Wirtschaft und Gesellschaft übernimmt und welches die wichtigsten Erfolgsfaktoren sind. Dies kann z. B. bei einer Universität die Überzeugung sein, dass ein im Vergleich zu anderen Universitäten stärkeres Unternehmertum Anschluss an neue Entwicklungen und Finanzierung sichert. Grundprämissen sind nicht direkt sichtbar; sie bilden zusammen mit den Werten das, was «unter der Sichtbarkeitslinie» liegt.

- Die zweite Ebene betrifft die *kollektiven Werte.* Diese Ebene wird auch als Proklamationsebene bezeichnet, da es vor allem um die kommunizierten Werte geht, die im Fall von Organisationen häufig in einem Leitbild erfasst werden. So kann ein Unternehmen, das sich grundsätzlich in einem kooperativen Verhältnis mit seiner Umwelt sieht, Werte wie Toleranz oder Suche nach Ausgleich in den Vordergrund stellen, während ein Unternehmen, das sich grundsätzlich in einem Wettbewerb versteht, Wettkampf und Erfolg durch Leistung betont. Bei der beschriebenen Universität dürften Werte wie liberales Denken, Eigeninitiative und Selbstverantwortung dominant sein.
- Auf der sichtbarsten Ebene einer Kultur geht es um *Artefakte.* Diese können beobachtbare Verhaltensweisen oder auch sichtbare physische Symbole sein. Intangible Artefakte einer kooperativen Organisationskultur sind z. B. erkennbar, wenn jede Sitzung mit der Frage nach dem persönlichen Wohlbefinden eingeleitet oder jede Intervention innerhalb einer Besprechung grundsätzlich zuerst einmal positiv quittiert wird. Physische Artefakte können bestimmte Büroformate oder Kunstwerke sein, die mit ihrem Design und ihren Botschaften die Kultur widerspiegeln.

Die Erfassung einer Kultur aus ganzheitlicher Sicht setzt bei all diesen drei Ebenen an. Ein Beispiel wäre eine Unternehmung, die auf biologische Nahrungsmittel ausgerichtet ist und ihren Zweck darin sieht, das Streben nach gesunder Ernährung mit nachhaltiger Produktionsweise zu verbinden. Die konkreten Werte, die im Leitbild zum Ausdruck gebracht werden, könnten das Streben nach Harmonie, der Ausgleich von Interessenskonflikten und der Aufbau von vertrauensvollen Beziehungen sein. Auf der Ebene der Artefakte könnten eine naturnahe Architektur des Betriebsgebäudes mit möglichst viel naturnaher Oberfläche bei maximaler Biodiversität der Bepflanzung sichtbar sein.

4.6.2 Typologisierung

Während das Modell von Schein (1985) die Ebenen hervorhebt, über die eine Kultur beschreibbar wird, nimmt Hofstede (2001) eine inhaltliche Beschreibung von unterschiedlichen gesellschaftlichen Kulturen vor. Zum Vergleich von Kulturen nutzt er sechs Dimensionen (Hofstede, 2001):

- Machtdistanz
- Individualismus
- Maskulinität
- Unsicherheitsvermeidung
- Langfristigkeit
- Nachgiebigkeit

Diese Typisierung nutzt Hofstede (2001) auch für die Erfassung von nationalen Kulturen. So werden z. B. skandinavische Kulturen mit kleiner Machtdistanz und geringer Maskulinität verbunden, während in der Schweiz eine hohe Unsicherheitsvermeidung und eine ausgeprägt langfristige Orientierung dominant sind (Hofstede Insights, 2020).

Neben Hofstedes Dimensionen gibt es weitere Ansätze zur Typologisierung von Kulturen. So klassifizieren Deal und Kennedy (2000) Unternehmenskulturen anhand einer Matrix mit den zwei Dimensionen «Risikoneigung» und «Feedback-Geschwindigkeit». Entsprechend resultieren vier Felder mit unterschiedlichen Kulturtypen (Abbildung 4-14). Anhand dieser Kulturtypologie lässt sich illustrieren, wie wichtig das Zusammenspiel von Kultur und Struktur ist. So kann z. B. eine bürokratische «Process-Culture» die Dynamik einer Netzwerkorganisation komplett blockieren.

		Risikoneigung	
		Niedrig	Hoch
Feedback-Geschwindigkeit	Schnell	**Work Hard-Play Hard Culture** Brot-und-Spiele-Kultur	**Tough-Guy Macho-Culture** Alles-oder-Nichts-Kultur
	Langsam	**Process Culture** Bürokratische Prozess-Kultur	**Bet-Your-Company Culture** Analytische Projekt-Kultur

Abbildung 4-14: Kulturtypologie

Quelle: Deal und Kennedy (2000, S. 107)

Anstrengungen zur Veränderung einer Organisationskultur setzen eine tiefgründige Auseinandersetzung mit derselben voraus. So kann nicht nur bei Artefakten angesetzt werden, indem z. B. eine neue Standard-Traktanden-Ordnung bei Sitzungen umgesetzt wird (z. B. zu Beginn jeder Sitzung Erfolgsindikatoren berichten). Es braucht auch eine Auseinandersetzung mit den Grundprämissen, den Mythen und Geschichten, sowie den proklamierten und impliziten Werten der Organisationsmitglieder als Individuen und als Gemeinschaft.

Gemeinsame Erfahrungen wie die Bewältigung einer Krise können eine Chance sein, wenn kollektive Reflexionsprozesse genutzt werden für ein gemeinsames Verständnis und die Formulierung neuer Grundannahmen. Wenn eine Unternehmung z. B. während der COVID-19-Krise durch hohe Selbstverantwortung aller Organisationsmitglieder flexibel auf die besondere Situation reagiert hat, dann kann durch das Thematisieren dieser Erfolgslogik und das Sichtbarmachen von besonderen Leistungen die grundlegendste Ebene einer Kultur (Grundprämissen) verändert werden (vgl. auch Rüegg-Stürm & Grand, 2020, S. 109).

Kapitel 4: Kernpunkte

- Strukturen einer Organisation müssen auf die Umsetzung von Strategie ausgerichtet und mit der Kultur kompatibel sein.
- Es gibt vier Grundtypen von Organisationsstrukturen: Stab-Linien-Organisation, Matrixorganisation, Netzwerkorganisation und Prozessorganisation.
- Für die Strukturierung von Organisationen gibt es verschiedene Ziele, die zum Teil widersprüchlich sind. Es gibt nicht die eine richtige Organisationsform. Die Organisation muss sich auf die jeweilige Hauptaufgabe bzw. -herausforderung ausrichten.
- Wichtige Gegenstände der Organisation sind die Verteilung von Aufgaben und Kompetenzen auf Stellen (z. B. mittels Funktionendiagramm und Stellenbeschrieben) und die Gestaltung der Ablauforganisation (z. B. mittels Balkendiagramm oder Netzplantechnik).
- Kultur muss stets mitberücksichtigt und mitgestaltet werden, wobei Kultur je nach Betrachtungsebene (Artefakte, Werte, Grundprämissen) beobachtbar oder nur erschliessbar ist.

5 Führung und Governance

5.1 Fallstudie: Viu

Mit der Viu Ventures AG wollen die Gründer zwei Hauptprobleme der Brillenindustrie lösen. Einerseits sollen durch den direkten Kundenkontakt über das Internet die hohen Distributionskosten gesenkt, andererseits durch die Ausschaltung des Zwischenhandels und die direkte Zusammenarbeit mit kleinen Produktionsbetrieben die Produktkosten reduziert werden. Zentral ist dabei eine konsequente Produkteorientierung mit qualitativ hochstehenden Brillen zu einem fairen Preis.

Das Prinzip «Direct to Consumer» stellt ein wichtiges Element der Gründungs-Vision von Viu dar. Der Online-Kanal und die Convenience des «Try at Home» stehen zunächst im Fokus des Unternehmens. Gleichzeitig zeigt sich bei vielen Kundinnen und Kunden jedoch ein Bedürfnis nach persönlicher Beratung und vor allem auch individueller Anpassung des Brillengestells. Aus dieser Erkenntnis ergänzt Viu den Online-Shop (shopviu.com) bereits in den ersten Monaten um ein Geschäft an der Zürcher Grüngasse. Bald folgt die Eröffnung weiterer Geschäfte in Zürich, Basel und später auch München, wo sich heute neben Zürich der zweite Hauptsitz des Unternehmens befindet.

Viu ist heute nach einem starken Wachstum in mehreren Ländern mit insgesamt über 50 Geschäften präsent. Gestartet im Jahr 2013 mit der Gründungsidee, das traditionelle Geschäft mit Brillen grundlegend zu verändern und über das Internet abzuwickeln, wird heute mehr als 90 % des Umsatzes über Filialgeschäfte erzielt, wobei der Online-Kanal im «Customer Buying Cycle» weiterhin bedeutend ist. Viele Kundinnen und Kunden nutzen auf ihrer «Customer Journey» zu verschiedenen Zeitpunkten die Website, z. B. für den «Virtual Try-on», eine «Try at Home»-Bestellung oder andere Dienstleistungen wie die Sehtest-Buchung (Viu Ventures AG, 2021).

Das Wachstum von Viu wird heute vor allem durch die Entwicklung des Filialnetzes getrieben. Filialen werden nach klaren Zielen mit finanziellen Anreizen über drei Führungsstufen (Store-Management, Area-Management und Head of Retail) gesteuert. Gleichzeitig sieht das Unternehmen die Zukunftsthemen vor allem in den Bereichen der Digitalisierung und des 3D-Drucks. Ziel ist es, für jede Gesichtsform den perfekten Rahmen zu finden. Wichtige Themen sind dabei die Entwicklung von Gesichtserkennung, Materialkenntnissen und Drucktechnologien, wobei dies nicht zwingend intern geschehen muss.

Die Herausforderungen der Führung liegen jedoch nicht nur im Spannungsfeld zwischen dem eher traditionellen, physischen Detailhandels-Geschäftsmodell und der innovativen Weiterentwicklung von internetbasierten Lösungen. Das Unternehmen basiert auf einer ausgesprochenen Startup-Kultur, die auf intrinsische Motivation und Selbstverantwortung baut. Aufgrund der rapiden Expansion werden die bestehenden Strukturen und Prozesse herausgefordert. Zentrales Thema bei der Rekrutierung der Mitarbeitenden ist der «Cultural Fit». Erwartet werden eine grosse Neugier und Kundennähe. Statt auf Kleidervorschriften wird auf die Vernetzung der Bewerbenden geachtet, denn viele Brillen werden heute über Empfehlungen (Mund-zu-Mund-Propaganda) verkauft.

Wichtiger Führungsgrundsatz ist das «Empowerment»: Mitarbeitende sollen innerhalb von klaren Zielen (Objectives), die mit quantifizierbaren Schlüsselresultaten (Key Results) definiert und überprüft werden, selbständig handeln (sogenannte «Objectives and Key Results», OKR). Dieses moderne Führungsinstrument fand weite Verbreitung durch amerikanische Technologie-Firmen wie Intel und Google und basiert auf der Führungstechnik «Management by Objectives» (MbO), welche auf Drucker (1954) zurückgeht. Die Organisation von Viu ist projektorientiert. Alle Tätigkeiten, von der Eröffnung einer neuen Filiale bis zur Entwicklung neuer Produkte, werden als Projekte definiert. Die Projektmanagement-Software Asana fungiert als zentrales internes Arbeitsinstrument. So besteht in der gesamten internen Kommunikation eine «No-Email-Policy». Mitteilungen und Informationen sowie Entscheide sind auf Projekte bezogen und werden im Projektmanagement-Tool erfasst. Motiviert und informiert werden die Mitarbeitenden an den jährlichen Mitarbeitenden-Konferenzen sowie über Team-Calls in Deutsch und Englisch, wo jeden Mittwoch die relevanten Themen ausgetauscht werden.

Kilian Wagner, einer der Gründer, bezeichnet seine persönliche Entwicklung im Zuge des Wachstums des Unternehmens als eine «vom Spieler zum Spielertrainer». Ziel sei es heute, andere Spieler auf dem Spielfeld (z. B. der Filiale) zu befähigen und selbst möglichst wenig auf dem Platz zu sein. Ein Drittel der Mitarbeitenden arbeitet heute an den Hauptsitzen in Zürich und München und ist im Bereich der Produktentwicklung und der Gestaltung der Online-Dienstleistungen tätig. Zwei Drittel arbeiten in den Filialen im Verkauf und Service. Die Rekrutierung erfolgt über diverse Instrumente, von Personalberatung über Internetausschreibung bis hin zu Empfehlungen. Bestehende Mitarbeitende werden angehalten, Kolleginnen und Kollegen zu gewinnen. Zur Gewährleistung des «Cultural Fit» wurden bis vor kurzem alle Mitarbeitenden noch von den Gründern selbst interviewt; heute ist diese Aufgabe auf weitere Führungspersonen verteilt.

Eine wichtige Rolle spielt bei der Weiterentwicklung des Unternehmens auch der Verwaltungsrat. Er bringt Branchen- und Fachkompetenzen für die Weiterentwicklung des Unternehmens ein. Seit Beginn nehmen neben dem Gründerteam auch Investoren direkten Einsitz. Die Besetzung des Verwaltungsrats erfolgt vor allem nach der Frage, welche zusätzlichen Kompetenzen und Ressourcen erschlossen werden sollen. Wichtige Themen sind die Bewältigung der Komplexität und die zukünftige Wachstumsstrategie.

Kilian Wagner erinnert sich zurück an die Monate nach der Gründung, als in der ersten Filiale an der Grüngasse in Zürich das Büro und das erste Kundengeschäft vereint waren: Wenn Kunden kamen, konnten Mitarbeitende quasi durch die Wand direkt in Kundenkontakt treten. Rückmeldungen von Kunden flossen direkt in die Weiterentwicklung von Produkt und Plattform ein. Der physische Kundenservice und die Weiterentwicklung der Online-Angebote waren lokal symbiotisch vereint. Heute sind die Geschäfte auf sechs Länder verteilt. Entfernungen zwischen Hauptquartier und den einzelnen Geschäften wie auch die hierarchischen Distanzen zwischen der Unternehmensleitung und den einzelnen Mitarbeitenden haben durch das starke Wachstum natürlicherweise zugenommen. Es stellt sich die Frage, wie sich Führung und Governance der Unternehmung angesichts der zunehmenden Komplexität weiterentwickeln müssen.

Eckwerte:

- Viu wird 2013 in Zürich gegründet.
- Das Unternehmen beschäftigt heute rund 350 Mitarbeitende.
- Viu betreibt über 50 Geschäfte in mehreren europäischen Ländern.

Diskussionsfragen:

A. Welches sind die zentralen Herausforderungen der Führung aufgrund des Wachstums und der beiden Betriebstypen (serviceorientierte Filialen und kreatives Hauptquartier) von Viu?

B. Wie müssen sich Führungsstil und Führungsinstrumente im Zug des Wachstums weiterentwickeln?

C. Welches sind in Zukunft wichtige Instrumente des Personalmanagements bei Viu?

D. Welche Funktion hat der Verwaltungsrat in der Gründungsphase im Vergleich zur Wachstumsphase?

5.2 Motivation und Menschenbilder

Unternehmen und Organisationen sind zielgerichtete soziotechnische Systeme (Ulrich & Krieg, 1972, S. 17). Die wichtigste Ebene des Systems sind Menschen und ihre Gemeinschaften. Es geht darum, durch Führung das Verhalten des Einzelnen und der gesamten Gemeinschaft im Sinne eines gemeinsamen Zieles auszurichten. Führung kann nach Stogdill (1950) ganz allgemein definiert werden als Prozess der Beeinflussung der Handlungen einer organisierten Gruppe auf eine Zielsetzung und Zielerreichung hin. Führungstätigkeit setzt ein Verständnis der Ziel- und Motivationsstrukturen der «Geführten» voraus. Hinter jedem Führungsstil und Führungsverhalten steht ein Menschenbild, das eine Grundannahme zum individuellen Verhalten und zur Verhaltensweise von Menschen innerhalb der Organisation widerspiegelt. Motivation kann über Inhalts- oder Prozesstheorien beschrieben und erklärt werden. *Inhaltstheorien* beschreiben spezifische Motivstrukturen, die bei Menschen handlungsbestimmend sind, während *Prozesstheorien* über geeignete Modelle die Entstehungsweise von Motivation abbilden.

5.2.1 Inhaltstheorien

Eine der bekanntesten Inhaltstheorien der Motivation ist die *Maslowsche Bedürfnispyramide* (nach Maslow, 1943). Dieses Modell hierarchisiert die menschlichen Bedürfnisse und geht davon aus, dass der Mensch zuerst physiologische Bedürfnisse wie Nahrung, Schlaf und Fortpflanzung befriedigen will (Abbildung 5-1). Anschliessend folgen Sicherheitsbedürfnisse wie Gesundheit, Arbeit und Wohnraum, welche sich in einer nächsten Stufe um soziale Bedürfnisse nach Familie, Freundschaft und Kommunikation ergänzen. Erst in einer späteren Phase der Entwicklung werden Individualbedürfnisse wie Unabhängigkeit, Wertschätzung und Selbstbestätigung dominant. Wenn all diese potenziellen Defizite behoben sind, tritt gemäss Maslow (1943) das Motiv der Selbstverwirklichung in den Vordergrund: Menschen suchen einen Sinn im Leben und wollen ihr eigenes Potenzial entfalten. Diese Erkenntnisse können auch auf die heutige Arbeitswelt übertragen werden: Viele Menschen suchen nicht (mehr nur) einen sicheren Job, sondern wünschen ein Umfeld mit gutem «Team Spirit», gegenseitiger Wertschätzung und Möglichkeit zu individueller Selbstverwirklichung bzw. Realisation des eigenen Selbstkonzepts mit «Purpose».

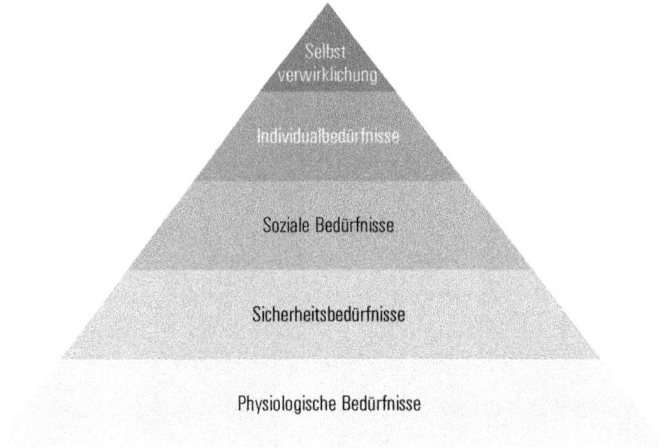

Abbildung 5-1: Pyramide nach der Maslowschen Bedürfnishierarchie
Quelle: nach Maslow (1943)

Eine weitere bedeutende Inhaltstheorie stellt das *Zwei-Faktoren-Modell* von Herzberg (1968) dar. Es ordnet Motivationsfaktoren (Abbildung 5-2) danach ein, wie weit sie Zufriedenheit fördern («Motivatoren») oder lediglich Unzufriedenheit vermeiden («Hygienefaktoren»). Verbessert ein Unternehmen die Hygienefaktoren, so resultiert daraus noch keine besondere Arbeitsmotivation, sondern lediglich keine Unzufriedenheit. Gemäss der Forschung von Herzberg (1968) ist die wahrgenommene Güte der Unternehmenspolitik und Verwaltung (Organisation, Ziele, Regeln, Abläufe, usw.) der wichtigste Hygienefaktor, gefolgt von kompetenten Vorgesetzten und persönlichen Beziehungen zu den Vorgesetzten. Als bedeutendste Motivatoren ermittelt Herzberg (1968) Erfolgserlebnisse, Anerkennung und eine erfüllende Arbeit an sich. Nicht alle Faktoren lassen sich jedoch der einen oder anderen Kategorie eindeutig zuordnen; so kann z. B. Einkommen sowohl Hygienefaktor als auch Motivator sein. Ein faires Grundsalär vermeidet Unzufriedenheit, während gewisse Leistungszuschläge die Zufriedenheit erhöhen dürften.

Hygienefaktoren	Motivatoren
Unternehmenspolitik/Verwaltung	Leistung/Erfolgserlebnis
Kompetenz der Vorgesetzten	Anerkennung
Beziehung zu Vorgesetzten	Arbeit selbst
Arbeitsbedingungen	Verantwortung
Status	Fortschritt/Beförderung

Abbildung 5-2: Ausgewählte Faktoren nach Herzberg, absteigend geordnet nach Bedeutung (Häufigkeit der Nennungen)
Quelle: nach Herzberg (1968, S. 57)

Ähnlich wie Herzberg (1968) führen auch Deci und Ryan (1985) zwei motivationale Konzepte ein: extrinsische und intrinsische Motivation. *Extrinsische Motivation* basiert auf äusseren Anreizen wie Lohn und Titel. *Intrinsische Motivation* resultiert aus der Sinnhaftigkeit der Arbeit selbst und aus der Zufriedenheit mit den eigenen Beiträgen und Gestaltungsmöglichkeiten. Bei gut strukturierten Arbeiten (z. B. Leistungen am Fliessband) dürfte durch extrinsische Anreize die Motivation bzw. die Leistung (kurzfristig) positiv beeinflusst werden können. Umfassendere Arbeiten hingegen benötigen eine intrinsische Motivation. Bei Tätigkeiten wie Lehre, Forschung, aber auch selbstverantwortlicher Wartung eines Hauses, können nie alle Leistungsfaktoren gemessen und bewertet werden, weshalb extrinsische Motivation (z. B. durch monetäre Leistungsanreize) nicht genügt. Im schlimmsten Fall können extrinsische Anreize die intrinsische Motivation so überlagern, dass die Aufmerksamkeit hauptsächlich auf dem liegt, was gemessen wird (Deci & Ryan, 1985). Was nicht gemessen wird, findet nicht mehr statt (z. B. Nachwuchsförderung als Teil einer Führungsaufgabe). Die nicht messbaren Teile einer Aufgabe werden vernachlässigt.

5.2.2 Prozesstheorien

Prozesstheorien berücksichtigen nicht nur verschiedene Motive und Anreiztypen, sondern auch die Wahrnehmungs- und Bewertungsprozesse mit Faktoren wie der Erfolgswahrscheinlichkeit einer Handlung im Hinblick auf eine Zielerreichung. Die Erfolgserwartung und deren Wirkung auf die Motivation wird z. B. in der *Valenz-Instrumentalitäts-Erwartungs-Theorie* berücksichtigt (Vroom, 1967). Danach ergibt sich eine Motivation aus der wahrgenommenen Wahrscheinlichkeit erfolgreich zu sein (Erwartung), den erwünschten Folgen einer Handlung (Instrumentalität) und dem Wert des Handlungserfolgs (Valenz). Valenz wiederum wird durch verschiedene Motive und Anreize beeinflusst (Abbildung 5-3).

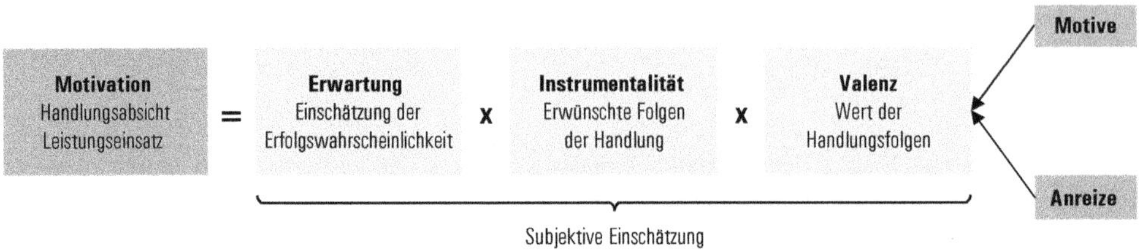

Abbildung 5-3: Valenz-Instrumentalitäts-Erwartungs-Modell
Quelle: nach Vroom (1967)

5.2.3 Menschenbilder

Die Annahmen, die den oben erwähnten Motivationsansätzen zugrunde liegen, korrespondieren mit unterschiedlichen Menschenbildern. Menschenbilder sind Vorstellungen darüber, wie sich Personen verhalten und beeinflussen lassen. Wie alle anderen Menschen lassen sich auch Führungskräfte implizit oder explizit von Menschenbildern leiten. Auch in Organisationen basieren Strukturen und Führungskonzepte häufig auf (impliziten oder expliziten) Menschenbildern. McGregor (1960) unterschiedet zwischen zwei Extremtypen:

- Nach der *Theorie X* ist ein Mensch grundsätzlich träge und handelt nur auf externen Anstoss hin. Entsprechend wichtig sind daher Befehle, Anweisungen und Kontrollen sowie äussere Anreize.
- Nach der *Theorie Y* ist der Mensch intrinsisch motiviert. Sinnhaftigkeit der Arbeit, eigener Gestaltungsbeitrag und Wertschätzung sind wichtig. Delegation von Verantwortung und Partizipation sind entsprechend wichtige Führungsgrundsätze.

Es besteht eine Tendenz zur selbsterfüllenden Realisation von Menschenbildern: Wenn eine Organisation z. B. auf rein extrinsische Motivation ausgerichtet ist und entsprechend viele Kontroll- und Belohnungsinstrumente einsetzt, erzieht sie Menschen dazu, Anreize und Belohnungen zu fordern und nur zu handeln, wenn sie kontrolliert werden. Dabei kommt es zur erwähnten Aussteuerung von intrinsischer Motivation durch zu viele und fehl gesetzte extrinsische Anreize. Dies ist der Fall, wenn an der Arbeit interessierte, fachlich begeisterte Menschen in ein Unternehmen eintreten und sie dort primär Kontrolle und Bürokratie erleben. Sie stellen fest, dass nur geschätzt wird, was auch durch Kontrollmechanismen erfasst ist, und dass sich die Kolleginnen und Kollegen darauf ausrichten, Prämien und Belohnungen zu optimieren. So werden diese Menschen an das System gewöhnt und tun das, was sie eigentlich freiwillig machen würden, irgendwann nur noch gegen Belohnung. Dinge, die nicht gemessen werden, werden schliesslich gar nicht mehr gemacht.

5.3 Verortung von Führung im St. Galler Managementmodell

Prozesse der Führung und des Managements zielen darauf ab, die handelnden Menschen auf die Ziele der Organisation auszurichten. Bereits seit der ersten Generation (Ulrich & Krieg, 1972) können diese Prozesse im SGMM eingeordnet werden:

- Bei den *Führungsprozessen*, welche die Planungs- und Managementabläufe innerhalb einer Organisation betreffen und sich meist über ein Jahr erstrecken (Analyse Zielerreichung, Budget- und Massnahmenplanung, Umsetzung, Überprüfung Zielerreichung) und zur Definition von Zielen für die Organisation und für die Einzelnen führen.
- Bei den *Supportprozessen*, insbesondere im Rahmen von HR-Prozessen im Sinne struktureller Führungsmassnahmen wie Rekrutierung, Entlöhnung und Entschädigung oder Personalentwicklung.
- Bei der *Governance* im Sinne der grundsätzlichen, stabilisierenden Steuerungssysteme einer Organisation.
- Bei der *Struktur*, indem die Organisationsstruktur den Rahmen und die Zuständigkeit von Führung definiert.
- Bei der *Kultur*, da die Führungskultur einen wichtigen Teil der Unternehmenskultur ausmacht.

In der aktuellen Generation des SGMM werden die Führungsprozesse nicht mehr explizit aufgegriffen, doch es findet im Rahmen der Praxisperspektive (Management-Praxis) eine klare Unterscheidung zwischen Management, Leadership und Fachführung statt (Rüegg-Stürm & Grand, 2020, S. 245-248):

- *Management* ist die reflexive Gestaltung von Wertschöpfungssystemen; es bezieht sich also auf den «Makrokosmos» von organisationaler Führung.
- *Leadership* ist die Menschen- und Mitarbeiterführung; es fokussiert sich also auf den unmittelbaren Arbeitskontext von Management und bezieht sich somit auf den «Mikrokosmos» der organisationalen Führung.
- *Fachführung* ist die Führung durch hochspezifische, aufgabenzentrierte Fachexpertise; sie fokussiert sich also ebenfalls auf den unmittelbaren Arbeitskontext und somit auf den «Mikrokosmos». Im Unterschied zu Leadership geht es dabei aber nicht um Führung durch «kommunikative Interventionen», sondern um Führung durch elaborierte Fachkenntnisse (z. B. eine Chirurgin im Operationssaal).

So wie verschiedene Managementansätze auf unterschiedliche Vorstellungen und Annahmen zum Funktionieren von Organisationen bauen, basieren verschiedene Führungsansätze auf unterschiedlichen Menschenbildern. Nachfolgend wird auf die persönliche Führung als zwischenmenschlicher Akt eingegangen, um danach die Prozesse des Personalwesens und schliesslich die Bedeutung von Governance zu diskutieren.

5.4 Führung

Führung erfolgt, wenn Personen mit bestimmten Zielen im Wettbewerb mit anderen Menschen institutionelle, politische, psychologische und weitere Ressourcen mobilisieren, sodass sie die Motivation der Geführten wecken und sicherstellen (Burns, 1978, S. 18). Führung kann also als Versuch verstanden werden, Einfluss zu nehmen, um Gruppenmitglieder zu einer Leistung und damit zum Erreichen von Gruppen- oder Organisationszielen zu motivieren (Weinert, 2004, S. 458). Für dieses Vorhaben gibt es unterschiedliche Formen – sogenannte Führungsstile, die je nach Typ und Kultur der Organisation oder der anstehenden Situation unterschiedlich sind. Darüber hinaus entwickeln Führungspersonen über die Zeit aufgrund ihrer Erfahrung auch eigene Führungsgrundsätze oder Prinzipien, an denen sie sich in ihrer Führungstätigkeit orientieren. Verschiedene Führungsstile und Führungsprinzipien werden nachfolgend dargestellt.

5.4.1 Führungsstile

Wenn Führungspersonen auf die Mitarbeitenden Einfluss nehmen, kann dies auf unterschiedliche Art und Weise geschehen. So kann eine Vielzahl von Führungsstilen unterschieden werden (Abbildung 5-4). Diese werden oft auf einem Kontinuum von autoritär bis demokratisch eingeordnet (Tannenbaum & Schmidt, 1958). Bei den autoritären und patriarchalischen Führungsstilen entscheidet eine führende Person selbst, versucht allenfalls zu überzeugen und setzt die Entscheide mit harten Massnahmen durch. Auf der anderen Seite in diesem Kontinuum stehen eher partizipative bis demokratische Führungsstile. Bei diesen werden Entscheide in unterschiedlicher Ausprägung zusammen mit den Geführten getroffen. Die Führungsperson bittet dabei jedes einzelne Gruppenmitglied mindestens um Informationen und Einschätzungen. Dabei macht es einen Unterschied, ob dies individuell oder in einer offenen Aussprache geschieht: In einer offenen Gruppendiskussion entstehen keine Informationsasymmetrien und die Führungsperson verfügt nicht über die Machtquelle des Informationsmonopols. Im Extremfall eines delegativen oder gar demokratischen Führungsstils wird die Entscheidung von der Führungsperson sogar an die Gruppe übergeben (allenfalls mit gewissen Rahmenbedingungen).

Stil	Autoritär	Patriarchalisch	Konsultativ	Beratend	Partizipativ	Delegativ	Demokratisch
Informationsverhalten Führungsperson	bezieht sich auf ihr zur Verfügung stehende Informationen	bezieht sich auf ihr zur Verfügung stehende Informationen	holt (bei Einzelnen) Meinungen ein	stellt (der Gruppe) Fragen und schlägt Ideen vor	stellt der Gruppe das Problem vor, bittet um Vorschläge	stellt der Gruppe das Problem und gibt Entscheidungsspielraum vor (z.B. Budget)	wirkt nur koordinierend mit; Gruppe definiert das Problem und Lösungsmöglichkeiten selbständig
Kompetenz des Entscheids	Führungsperson entscheidet selbst	Führungsperson entscheidet selbst	Führungsperson entscheidet selbst	Führungsperson entscheidet selbst	Führungsperson basierend auf Vorschlägen	Gruppe entscheidet	Gruppe entscheidet
Durchsetzung des Entscheids	Anordnung	Anordnung und Begründung	Anordnung und Begründung	Anordnung und Begründung	Anordnung und Begründung	Gruppenüberzeugung/-druck	Gruppenüberzeugung/-druck

Abbildung 5-4: Führungsstile

Quelle: basierend auf Tannenbaum und Schmidt (1958)

Neben dem eindimensionalen Führungsstilkontinuum gibt es auch mehrdimensionale Strukturierungen wie das «Managerial Grid» (Verhaltensgitter) von Blake und Mouton (1964): Dieses unterscheidet zwischen Menschenorientierung und Sachorientierung und grenzt fünf grundsätzliche Führungsverhalten ab, wobei diese unterschiedliche Auswirkungen auf die Mitarbeitenden und den Betriebserfolg haben (Abbildung 5-5).

Abbildung 5-5: Managerial Grid

Quelle: nach Blake und Mouton (1964, S. 28); Thommen et al. (2017, S. 519)

Seit Ende der 1990er-Jahre gewinnt das Konzept der transformationalen Führung (Burns, 1978) an Aufmerksamkeit. Dieses dient als Gegenmodell zur transaktionalen Führung (vgl. Bass, 1999). Weil die *transaktionale Führung* eine enge Steuerung mit einem grossen Anteil Leistungskontrolle und Anreiz-Mechanismen bedingt, entspricht diese in hohem Mass dem Menschenbild der oben erwähnten Theorie X (vgl. Kap. 5.2.1). Auf der anderen Seite steht die *transformationale Führung*, die durch Vorbildhandeln wirkt, Inspiration sowie intrinsische Motivation weckt und dazu führt, dass sich die Geführten in ihren Einstellungen und Haltungen verändern, sodass sie sich letztlich im Sinne der Organisation verhalten. Ein wichtiges Führungsmittel hier ist die Darstellung der Sinnhaftigkeit («Purpose»). Diese Führung ist stark verbunden mit dem Menschenbild der Theorie Y. Während transaktionale Führung vor allem auf direkten Instrumenten und Techniken basiert, bedingt transformationale Führung Vision, Persönlichkeit und «Charisma». Gerade für die neu in die Arbeitswelt eintretenden Mitarbeitenden der «Generation Y» und «Generation Z» scheinen sinnerfüllte Arbeit und persönliche Entwicklungsmöglichkeiten mindestens so wichtig wie monetäre Belohnungen (vgl. Robinson, 2019) – ein Phänomen, welches transformative Ansätze besser adressieren dürften.

Es ist wichtig zu erkennen, dass es nicht den einen richtigen Führungsstil gibt. So besagt die *Theorie der situativen Führung*, dass Führungspersonen je nach Situation einen anderen Führungsstil benötigen, um wirksam zu sein. Dieser Ansatz gehört zur sogenannten Kontingenztheorie (Lawrence & Lorsch, 1967). Diese Theorie geht von einem für Organisationen konstitutiven Spannungsfeld von Differenzierung und Integration aus (vgl. auch Kap. 4.4). Differenzierung erlaubt Effizienzgewinne oder Lerneffekte über zunehmende Spezialisierung und Aufteilung von Aktivitäten. Diese müssen aber wieder integriert werden, um als Produkt oder Dienstleitung einen Kundennutzen zu stiften. Für dieses Spannungsfeld existiert keine übergreifende oder zeitlich überdauernde beste Lösung. Stattdessen charakterisiert die Kontingenztheorie Entscheidungssituationen und leitet daraus Handlungsempfehlungen ab.

Mit Blick auf Führung gehören Hersey und Blanchard (1969) zu den bekanntesten Vertretern der Kontingenztheorie: Deren Modell zeigt, dass der Führungsstil des Vorgesetzen je nach Reifegrad der Mitarbeitenden stärker aufgaben- oder beziehungsorientiert sein soll. Andere situative Faktoren sind z. B. die zu Verfügung stehende Zeit oder auch die Komplexität einer Aufgabe. Je mehr Zeit besteht und je komplexer die Aufgabe ist, desto mehr kann und soll die «Weisheit des Teams» genutzt werden. Geht es jedoch um kurzfristig zu treffende Entscheidungen bei klar definierten Problemen (z. B. in einer Krise: zur Liquiditätsschonung sofort durchzuführende Sparmassnahmen), dann sind autoritäre Entscheide gefragt. Diese haben zudem den Vorteil, dass sie die Gruppe entlasten. Harte Auseinandersetzungen, die auf Grund der verbundenen Interessenkonflikte und Emotionalitäten die Gruppe teilen und sogar auch langfristig spürbare Narben hinterlassen könnten, werden so vermieden.

5.4.2 Führungsprinzipien

Wie erwähnt gibt es – wie bei vielen Fragen des Managements – auch bei Führung kein absolutes richtig oder falsch. Es geht um die Übereinstimmung von u. a. Kontext, Aufgabe (Strategie), Führungspersönlichkeit und Kultur der Organisation. Eine Passung zu all diesen Elementen erlaubt eine authentische und glaubwürdige Führung. Damit ist auch erklärbar, weshalb es möglich ist, dass eine Führungskraft bei einer Unternehmung in einem Kontext nicht erfolgreich agiert, aber in einem anderen durchaus Erfolge zeigen kann. Grundsätzlich sollten sich Führungskräfte immer wieder hinterfragen; dabei können sogenannte Führungsregeln als Orientierungslinien dienen.

Führungsregeln sind Prinzipien, quasi «eherne Grundsätze» der Führung. Es lassen sich in der Geschichte und in verschiedenen Organisationstypen zeitüberdauernde Führungsregeln finden. Beispielhaft werden hier zwei aus Religion und Militär vorgestellt. Aus den Regeln des heiligen Benedikt von Nursia (Benediktinerregeln) lassen sich Bezüge zu den heutigen Führungsstilen ableiten. Was der Abt im dritten Kapitel seines Regelwerks empfiehlt (Abbildung 5-6), entspricht dem partizipativen Führungsstil des Kontinuums von Tannenbaum und Schmidt (1958).

1 Sooft etwas Wichtiges im Kloster zu behandeln ist, soll der Abt die ganze Gemeinschaft zusammenrufen und selbst darlegen, worum es geht.

2 Er soll den Rat der Brüder anhören und dann mit sich selbst zu Rate gehen. Was er für zuträglicher hält, das tue er.

3 Dass aber alle zur Beratung zu rufen seien, haben wir deshalb gesagt, weil der Herr oft einem Jüngeren offenbart, was das Bessere ist.

4 Die Brüder sollen jedoch in aller Demut und Unterordnung ihren Rat geben. Sie sollen nicht anmassend und hartnäckig ihre eigenen Ansichten verteidigen.

5 Vielmehr liegt die Entscheidung im Ermessen des Abtes: Was er für heilsamer hält, darin sollen ihm alle gehorchen.

Abbildung 5-6: Benediktinerregeln (Auszug aus dem dritten Kapitel)
Quelle: Benediktinerabtei Ettal (2017) nach Benedikt von Nursia (um 540 n. Chr.)

Sehr bekannt sind auch die Führungsregeln von General Schwarzkopf, der im ersten Golfkrieg die Koalitionstruppen geführt hat. Schwarzkopf (1993) fordert, dass nur repariert wird, was auch kaputt ist, dass klare Ziele und hohe Ansprüche gestellt werden, und dass die Führungsperson sich nicht unnötig in die Arbeit der Untergebenen einzumischen hat, da letztere gewöhnlich besser wissen, wie sie ihren Job auszuführen haben. Zudem soll ein Klima geschaffen werden, in dem aus Fehlern gelernt werden kann. Wer Führungskompetenz erhalte, soll diese nach Schwarzkopf (1993) sofort wahrnehmen und sich dabei immer für die Lösungen entscheiden, welche die innere Stimme für richtig hält.

5.5 Personalmanagement

Während sich Führung auf das direkte Zusammenwirken von Führenden und Geführten bezieht, hat das Personalmanagement eine übergreifende Funktion zur Gewinnung, Entwicklung und Freistellung von Personal, sowie zur Unterstützung von Leitungspersonen in ihrer Personalführung. Die Aufgaben und Prozesse des Personalmanagements umfassen typischerweise folgende Teilaufgaben (Thommen et al., 2017, S. 375), welche in den nachfolgenden Unterkapiteln detailliert erläutert werden: Personalbedarfsermittlung, Personalbeschaffung, Personalmotivation und -honorierung, Personalentwicklung und Personalfreistellung.

Bei jeder dieser Aufgaben geht es darum, Ziele, Massnahmen und Mittel zu bestimmen sowie die dafür notwendigen Kontrollgrössen zu definieren. Damit entsteht ein geschlossener Managementkreislauf. Als Ganzes soll das Personalmanagement als Unterstützungsprozess auf die Strategie einer Organisation ausgerichtet sein und dazu beitragen, das Handeln der Menschen innerhalb des Unternehmens auf die Ziele und den Kontext desselben auszurichten.

Ein Unternehmen, das weitgehend repetitive Dienstleitungen anbietet (z. B. ein Reinigungsunternehmen), dürfte ein starkes Gewicht auf Kosten und Produktivität legen. Eine exakte Personalbedarfsermittlung und auch eine Personalbeschaffung in günstigen Rekrutierungsmärkten dürfte zentral sein. Einfache und transparente Systeme der Personalmotivation und -honorierung stehen im Vordergrund. Die Rekrutierung ist in einem hohen Mass standardisiert oder sogar automatisiert.

Ein Unternehmen, das komplexe, kreative Dienstleistungen anbietet (z. B. eine Werbeagentur), dürfte auf die Schaffung eines intrinsisch motivierten, kreativen Pools von Mitarbeitenden als Wissensträgerinnen und Mitunternehmer bedacht sein. Qualitative Kriterien bei der Personalrekrutierung stehen im Vordergrund; eine als talentiert empfundene Person wird möglicherweise auch mal auf Vorrat, quasi als Wissens- und Kreativitätsressource, angestellt. Dazu können sehr individuelle Vereinbarungen zur Personalmotivation und Honorierung geschlossen werden.

5.5.1 Personalbedarfsermittlung

Bei der Personalbedarfsermittlung kann zwischen qualitativem und quantitativem Personalbedarf unterschieden werden. Der quantitative Personalbedarf kann in den einfachsten Fällen über Produktivitätskennziffern (Arbeitsanfall, z. B. zu reinigende Fläche geteilt durch die Standardproduktivität, gemessen in Reinigungsfläche pro Mitarbeiter und Arbeitsstunde) ermittelt werden. Wichtig ist im Rahmen einer quantitativen Personalbedarfsplanung auch die Berücksichtigung der Abgänge respektive Fluktuationsrate sowie der Krankheitsstände und anderer Abwesenheitsquoten.

Bei der qualitativen Personalbedarfsermittlung geht es um die Frage nach dem Kompetenz- und Persönlichkeitsprofil und immer mehr auch um die Frage der kulturellen Passung. Wichtige Instrumente sind hier Stellenbeschrieb, Anforderungs- und Qualifikationsprofil:

- *Stellenbeschrieb:* Beschreibung einer Stelle (Aufgaben, Kompetenzen, Verantwortung, vgl. dazu auch Kap. 4.5)
- *Anforderungsprofil:* Beschreibung der Anforderungen mit Bezug auf die zu besetzende Stelle (erforderliche Fähigkeiten, Kompetenzen, usw.)
- *Qualifikationsprofil:* Beschreibung der Anforderungen mit Bezug auf die bewerbende Person (erforderliche Qualifikationen, Ausbildungen, Abschlüsse, usw.)

Wichtig ist dabei, dass der qualitative Personalbedarf im Hinblick auf die zukünftigen Veränderungen einer Organisation vor dem Hintergrund neuer Trends und Herausforderungen (z. B. neuer Technologien oder neuer Märkte) ausgerichtet wird.

5.5.2 Personalbeschaffung

Die Personalbeschaffung kann als Prozess, ausgehend vom Bedarf (Ausschreibung, aktive Suche) über die Selektion bis zur Einführung der neuen Mitarbeitenden beschrieben werden. Die meisten Stellen werden aufgrund einer organisationsinternen oder -externen (offenen) Ausschreibung besetzt. Dies gestattet eine möglichst breite Suche, gleichzeitig aber auch einen offenen Markt. Interne Besetzungen haben den Vorteil, dass man die Bewerberinnen und Bewerber kennt, diese rascher eingearbeitet sind und dass Motivation auf andere interne Mitarbeitenden ausgestrahlt wird. Externe Besetzungen erlauben die Erschliessung neuer Kompetenzen und ermöglichen es, neue Meinungen und Sichtweisen einzubringen.

Bei Stellen mit spezifischen Qualifikationen und vertraulichen Kontexten (z. B. wenn der Vorgänger oder die Vorgängerin noch gar nicht weiss, dass er oder sie ausgewechselt werden soll) erfolgt oft eine verdeckte Suche. Offene oder verdeckte Suchprozesse können intern oder extern durchgeführt werden, z. B. durch die eigene Personalabteilung oder durch eine beauftragte Personalberatung. Sie kann passiv erfolgen, also durch eine reine Ausschreibung, oder aktiv mit Suchmassnahmen bis zur Abwerbung aus einer vergleichbaren Stelle. Bei der heute immer noch vorherrschenden passiven, offenen, externen Suche stehen verschiedene Medien wie Jobplattformen oder auch klassische Stelleninserate zur Verfügung.

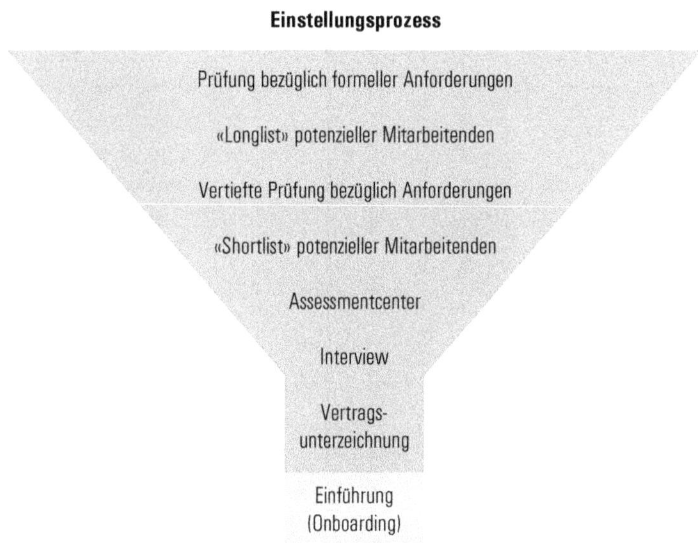

Abbildung 5-7: Stufen der Personalselektion (Trichter)

Bewerbungen werden über verschiedene Stufen selektioniert (Abbildung 5-7). Meistens werden in einer ersten Stufe diejenigen Bewerbungen, die den formalen Anforderungen (z. B. formale Abschlüsse) nicht genügen, aussortiert. In einer zweiten Stufe werden (im Sinne einer «Longlist») interessante Kandidatinnen und Kandidaten aufgrund des Anforderungsprofils ausgewählt. In einer dritten Stufe wird dann aufgrund von weiteren, immer qualitativer werdenden Kriterien (z. B. Erfahrung) eine «Shortlist» erstellt. Die Kandidatinnen und Kandidaten auf der Shortlist werden schliesslich gezielt und individuell geprüft.

In der ersten dieser Selektionsstufen wird heute teilweise eine automatisierte Auswertung des Lebenslaufs oft unter Einsatz von künstlicher Intelligenz durchgeführt. In den weiteren Stufen kommen auch qualitativere Verfahren und Persönlichkeitstests sowie persönliche und subjektive Beurteilungen zum Einsatz. Bei der Auswahl der potenziellen Kandidatinnen und Kandidaten aus der «Shortlist» werden heute immer noch hauptsächlich persönliche Interviews durchgeführt und vermehrt auch Assessmentcenter eingesetzt. Bei einem Assessmentcenter werden Kandidatinnen und Kandidaten möglichst realen Situationen ausgesetzt. Meistens ist eine Mischung verschiedener Aufgaben oder Übungen zu absolvieren. Oft wird auch die Methode eines Aquariums (ein Gruppengespräch, bei dem eine Aufgabe durch eine Gruppe von Kandidierenden zu lösen ist, z. B. Auswahl eines Kunstwerks, wobei die einzelnen Gruppenmitglieder in ihrem Verhalten beobachtet werden) eingesetzt. Verbreitet ist auch die Lösung einer Fallstudie einzeln oder in einer Gruppe, bei der die Lösung kritischen Fachpersonen in einem Kurzreferat zu präsentieren und zu verteidigen ist. Bei der Einstellung geht es schliesslich um die Frage, welche zusätzlichen Qualifikationen die Kandidierenden noch zu erwerben haben und welche Informationen sie für den Arbeitsstart brauchen. Es geht aber auch um atmosphärische Fragen wie die Einführung ins Team und logistische Fragen nach der benötigten Infrastruktur.

5.5.3 Personalmotivation und -honorierung

Bei der Personalmotivation und Honorierung sind monetäre und nicht monetäre Anreize zu unterscheiden. Bei den monetären Anreizen geht es um die Gesamtentlohnung, die sich aus dem Fixlohn und variablen Komponenten (z. B. Leistungsprämien, Boni, Einkauf in Pensionskassen oder vergünstigte Mitarbeiteraktien) zusammensetzt (Abbildung 5-8). Dabei sollte das Kompensationssystem auf die Ziele des Unternehmens ausgerichtet sein.

Elemente der Vergütung an die Konzernleitung			
Grundgehalt	**Vorsorge und Nebenleistungen**	**Variable Barvergütung**	**Langfristiger Beteiligungsplan**
Reflektiert den Umfang und die Verantwortlichkeiten einer Funktion sowie die Qualifikation und Erfahrung des Stelleninhabers. Wird monatlich in bar ausbezahlt.	Dient der Absicherung von Mitarbeitenden und ihren Angehörigen gegen Alters-, Hinterlassenen- und Invaliditätsrisiken. Angepasst an lokale Bestimmungen und lokale Marktpraxis.	Belohnt die Leistung und das Erreichen der Finanzziele des Unternehmens sowie individueller Ziele, bezogen auf einen Zeitraum von einem Jahr. Die Vergütung wird in bar ausbezahlt, kann aber auch ganz oder teilweise in gesperrte Aktien investiert werden, wobei für jede gekaufte Aktie eine kostenlose Aktienoption gewährt wird.	Honoriert den Unternehmenserfolg, bezogen auf einen Zeitraum von drei Jahren, und fördert eine langfristige Wertschöpfung. Wird in Form von Aktienoptionen gewährt.

Abbildung 5-8: Kompensationssystem des Verwaltungsrats der Geberit AG
Quelle: Geberit AG (2021, S. 10)

Ein monetäres Kompensationssystem sollte verschiedenen Anforderungen genügen (Hack, 2011, S. 75): Es sollte anforderungsgerecht, leistungsgerecht, verhaltensgerecht, sozialgerecht, personalmarktgerecht und unternehmenserfolgsgerecht sein. Das ist in grösseren Organisationen häufig eine Herausforderung und erfordert die Bewältigung von Zielkonflikten. So bestehen in einer öffentlichen Verwaltung beim Lohnsystem (Abbildung 5-9) mögliche Zielkonflikte zwischen Sozialgerechtigkeit und Personalmarktgerechtigkeit: Einerseits wird ein relativ egalitäres Lohnsystem angestrebt, bei dem die Unterschiede zwischen einzelnen Personalkategorien nicht zu gross sind, andererseits können wegen Fachkräftemangel mit den sich ergebenden Lohnrestriktionen möglicherweise nicht die notwendigen Fachkräfte rekrutiert werden.

	Lohnklassen																			
Referenzfunktion	1	2	3	4	5	6	7	8	9	10	11	12	13	14	15	16	17	18	19	20
Administrative Mitarbeit	x	x	x	x	x	x														
Administrative Sachbearbeitung				x	x	x	x	x												
Technische Sachbearbeitung				x	x	x	x	x	x	x										
Leitung Sachbereich								x	x	x	x	x	x	x	x					
Fachbearbeitung										x	x	x	x	x	x					
Leitung Fachbereich													x	x	x	x	x	x		
Leitung Amt																x	x	x	x	x

Abbildung 5-9: Illustratives Beispiel eines Lohnsystems (Referenzfunktionskatalog), angelehnt an den Kanton St. Gallen

Nicht monetäre Anreize gewinnen heute angesichts der Anforderungen der «Generation Y» und «Generation Z» eine zunehmende Bedeutung. Dabei geht es um Fragen der Arbeitsinhalte wie z. B. die Breite des Aufgabengebietes, die Sichtbarkeit des eigenen Leistungsbeitrages, die Gestaltungsfreiheit der eigenen Arbeit, die zur Verfügung stehende Infrastruktur, der wertschätzende Führungsstil, Möglichkeiten für eine bessere Vereinbarkeit von Job, Familie und Freizeit, Gelegenheit zu Homeoffice und Sabbaticals, oder die Möglichkeit und Förderung von Weiterbildungen.

5.5.4 Personalentwicklung

Der Personalentwicklung kommt gemäss Thommen et al. (2017, S. 420) im Rahmen der Personalpolitik sehr grosse Bedeutung zu. Die zwei wichtigsten Faktoren sind folgende:

- Häufig kann benötigtes Personal nicht extern beschafft werden und muss intern weiterentwickelt werden (z. B. bei einem Nachfrageüberschuss auf dem Arbeitsmarkt oder wenn es für eine bestimmte Stelle gar keine Ausbildung gibt).
- Die Personalentwicklung und die dazugehörigen Angebote sind oft Teil des Anreizsystems und haben eine akquisitorische Wirkung bei der Personalbeschaffung.

Der Bereich Personalentwicklung beinhaltet hauptsächlich die beiden Hauptbereiche Laufbahn- und Karriereplanung sowie Personalaus- und -weiterbildung. Bei der Laufbahn- und Karriereplanung geht es hauptsächlich darum, ein System auszugestalten, um das individuelle Leistungspotenzial der Mitarbeitenden einzuschätzen und diese anhand von definierten Kriterien (z. B. persönliche Leistung oder Dienstjahre) sowie den persönlichen Interessen und Wünschen der Arbeitnehmenden in neue Positionen zu befördern. Dabei können verschiedene Beurteilungsmethoden (z. B. die 360°-Beurteilung, wobei Mitarbeitende aus verschiedenen Blickwinkeln, z. B. von Kolleginnen, Vorgesetzten, Untergebenen und Kunden beurteilt werden) angewandt werden.

Bei der Personalaus- und -weiterbildung geht es hingegen um personalpolitische Massnahmen, um die Kenntnisse und Fähigkeiten der Mitarbeitenden weiterzuentwickeln (Thommen et al., 2017, S. 421). Neben der betrieblichen Grundausbildung (Vermittlung der Grundkenntnisse und -fähigkeiten für einen Beruf oder eine Tätigkeit) gehört dazu auch die betriebliche Weiterbildung (Erweiterung und Vertiefung des vorhandenen Wissens und der vorhandenen Fähigkeiten). Eine bedeutende Rolle spielen in diesem Bereich heute verschiedene Ansätze des E-Learnings, aber auch klassischere Methoden wie das Coaching (individuelle Beratung im beruflichen Kontext). Die Motivationswirkung eines umfassenden Weiterbildungsangebots in einer Organisation darf nicht unterschätzt werden, denn gerade in der heutigen schnelllebigen Zeit ist die Möglichkeit zur laufenden Weiterbildung für die Mitarbeitenden sehr wichtig und kann ein zentrales Kriterium bei der Stellenauswahl sein.

5.5.5 Personalfreistellung

Beim letzten Prozessschritt, der Personalfreistellung, geht es um die «Beseitigung personeller Überdeckungen in quantitativer, qualitativer, zeitlicher und örtlicher Hinsicht» (Thommen et al., 2017, S. 426). Darin sind nach Thommen et al. (2017) nicht nur Personalfreisetzungen (Personalabbau), sondern auch Versetzungen oder Arbeitszeitverkürzungen (Kurzarbeit, Teilzeitarbeit, Abbau von Überstunden) enthalten.

Bei der Freistellung durch Beendigung bestehender Arbeitsverhältnisse spielen insbesondere arbeits- und versicherungsrechtliche Abwägungen eine zentrale Rolle (individuelle Arbeitsverträge, Gesamtarbeitsverträge, Gewerkschaften, Alters- und Hinterlassenenversicherung, usw.). Die Hauptursachen für Massnahmen der Personalfreistellung finden sich meist in Absatzrückgängen, strukturellen Veränderungen, saisonalen Beschäftigungsschwankungen, Standortverlegungen, Reorganisationen oder Automatisierungen (Thommen et al., 2017, S. 426).

Um Freistellungen möglichst zu vermeiden, muss eine langfristige Personalplanung erfolgen; entsprechende Massnahmen müssen frühzeitig eingeleitet werden. Dazu gehören z. B. die Nichtersetzung natürlicher Abgänge (Pensionierungen, Kündigungen auf Seiten der Arbeitnehmenden) oder die Förderung des freiwilligen Ausscheidens von Mitarbeitenden (durch Frühpensionierungen, finanzielle Abfindungen, Unterstützung bei der Suche nach einer neuen Stelle). Da die arbeitgeberseitige Kündigung die wohl härteste Massnahme für die Mitarbeitenden darstellt, sollte sie nur in Ausnahmefällen erfolgen und möglichst durch Massnahmen wie «Outplacement» (ermöglicht eine «sanfte» Trennung durch Unterstützung eines spezialisierten Personalberaters) begleitet werden (Thommen et al., 2017, S. 427).

5.6 Governance

Während Führung die Erreichung von Organisationszielen über persönliche Einflussnahme und Motivation sicherstellt, geht es bei der Governance um nichtpersönliche, formale Festlegungen zur Zweckbestimmung und Funktion einer Organisation.

5.6.1 Verhältnis von Governance und Executive Management

In der übergeordneten Führung und Steuerung einer Organisation kann zwischen Corporate Governance (beim Verwaltungsrat) und Executive Management (bei der Geschäftsleitung) unterschieden werden.

Die *Corporate Governance* leistet nach Rüegg-Stürm und Grand (2020) Folgendes:

- Sie legt den grundlegenden Zweck einer Organisation («Mission» und «Purpose») und das Verhältnis zu den Stakeholdern fest (vgl. Kap. 6.3.2).
- Sie definiert die Systemgrenzen sowie den Organisationstypus (vgl. Kap. 1.6), adressiert also die Ausgestaltung des Verhältnisses einer Organisation zur Umwelt und gibt damit u. a. strategische Suchfelder vor.
- Sie institutionalisiert das Executive Management und bestimmt damit u. a. die strategischen Kompetenzen und den Gestaltungsraum der Geschäftsleitung.

Das *Executive Management* leistet nach Rüegg-Stürm und Grand (2020) Folgendes:

- Es konkretisiert die Erfolgsvorstellungen und schafft erfolgsnotwendige Voraussetzungen innerhalb der Organisation, indem u. a. die Management-Architektur und damit die Bearbeitungsprozesse für strategische Fragen optimal konfiguriert werden (vgl. auch Kap. 3.5).
- Es operationalisiert Strategien innerhalb der durch die Corporate Governance definierten Systemgrenzen (vgl. auch Kap. 1.5.1).
- Es differenziert die Managementpraxis aus (z. B. Entwicklung von Führungsteams; vgl. auch Kap. 5.4) und stabilisiert Entwicklungsprozesse (z. B. Erneuerung versus Optimierung; vgl. auch Kap. 3.7).

Die Wechselbeziehung zwischen Corporate Governance und Executive Management, die wechselseitige Abhängigkeit (Interdependenz) von Verwaltungsrat und Geschäftsleitung, von Macht und Führung, ist in vielen sozialen Systemen in einer ähnlichen Form vorhanden. In einem politischen System gibt es meist einen Souverän (in einer direkten Demokratie das Volk), welcher Rahmenbedingungen für die Regierung (das Executive Management) definiert. Ähnliches kann auch auf der Stufe operativer Aufgaben gefunden werden: Im Zweiercockpit eines Flugzeugs findet üblicherweise eine vergleichbare Rollenverteilung statt zwischen der fliegenden Pilotin und dem Piloten, der den Funkverkehr abwickelt und die fliegende Pilotin überwacht.

Die konkrete Ausgestaltung des Verhältnisses zwischen Executive Management und Corporate Governance von Aktiengesellschaften variiert je nach Rechtssystem. So ist zwischen monistischen und dualistischen Systemen zu unterscheiden (Forstmoster, 2003). Im angelsächsischen Raum herrscht das *monistische System* vor: Das Unternehmen wird durch ein «Board» geführt, in welchem es «Executive Members» und «Non-executive Members» gibt. In den Regeln für «Good Governance» ist vorgeschrieben, wie viele «Non-executive Members» erforderlich sind und wie deren Unabhängigkeit zu sichern ist. Die ausgeprägteste Variante eines *dualistischen Systems* dürfte das deutsche Konzept mit Vorstand und Aufsichtsrat sein: Der Aufsichtsrat gestaltet das grundsätzliche Verhältnis zu den Anspruchsgruppen, setzt die Geschäftsleitung ein und überwacht diese; die Strategie wird jedoch durch den Vorstand geprägt (Zipperling, 2012).

Eine Art Mittelweg geht die Schweiz (Forstmoster, 2003): Hier sind für den Verwaltungsrat unübertragbare und unentziehbare Aufgaben definiert (Abbildung 5-10), zu denen die Fragen der Organisation und der Oberleitung gehören, was auch Strategiearbeit einschliesst. Der Verwaltungsrat führt damit grundsätzlich das Unternehmen, kann jedoch das operative Management mit Vorbehalt eben dieser unübertragbaren und unentziehbaren Aufgaben an eine Geschäftsleitung (Executive Management) delegieren.

III. Aufgaben
1. Im Allgemeinen

Art. 716

[1] Der Verwaltungsrat kann in allen Angelegenheiten Beschluss fassen, die nicht nach Gesetz oder Statuten der Generalversammlung zugeteilt sind.

[2] Der Verwaltungsrat führt die Geschäfte der Gesellschaft, soweit er die Geschäftsführung nicht übertragen hat.

2. Unübertragbare Aufgaben

Art. 716a

[1] Der Verwaltungsrat hat folgende unübertragbare und unentziehbare Aufgaben:
1. die Oberleitung der Gesellschaft und die Erteilung der nötigen Weisungen;
2. die Festlegung der Organisation;
3. die Ausgestaltung des Rechnungswesens, der Finanzkontrolle sowie der Finanzplanung, sofern diese für die Führung der Gesellschaft notwendig ist;
4. die Ernennung und Abberufung der mit der Geschäftsführung und der Vertretung betrauten Personen;
5. die Oberaufsicht über die mit der Geschäftsführung betrauten Personen, namentlich im Hinblick auf die Befolgung der Gesetze, Statuten, Reglemente und Weisungen;
6. die Erstellung des Geschäftsberichtes sowie die Vorbereitung der Generalversammlung und die Ausführung ihrer Beschlüsse;
7. die Benachrichtigung des Gerichts im Falle der Überschuldung.

[2] Der Verwaltungsrat kann die Vorbereitung und die Ausführung seiner Beschlüsse oder die Überwachung von Geschäften Ausschüssen oder einzelnen Mitgliedern zuweisen. Er hat für eine angemessene Berichterstattung an seine Mitglieder zu sorgen.

Abbildung 5-10: Liste unentziehbarer Aufgaben des Verwaltungsrates
Quelle: Schweizerisches Zivilgesetzbuch, fünfter Teil: Obligationenrecht; Art. 716a OR

Das Verhältnis zwischen den Personen, die die Corporate Governance und das Executive Management vertreten, in grösseren Aktiengesellschaften auf der einen Seite die Verwaltungsratspräsidentin und auf der anderen Seite der CEO, muss durch gegenseitigen Respekt und Vertrauen getragen sein (zur Zusammenarbeit von VRP und CEO, vgl. Krneta, 2005, S. 124). Dabei müssen die einzelnen «Hoheitssphären» gewahrt werden. Das heisst die Aufgabe der Verwaltungsratspräsidentin ist primär, den Verwaltungsrat zu führen, und die Aufgabe des CEO, das Unternehmen zu führen. Gleichzeitig soll aber auch im Sinne eines Zweier-Cockpits eine gegenseitige Ergänzung stattfinden können. Ein guter Grundsatz für Verwaltungsräte lautet «Noses in, Fingers out», was so viel heisst wie: Mitdenken und kritisch hinterfragen, sich aber aus der operativen Führung raushalten.

5.6.2 Ursprung der Diskussion um Corporate Governance

Die anfangs stark amerikanisch geprägte Debatte um Corporate Governance geht auf die 1970er- und 1980er-Jahre zurück (Arcot & Bruno, 2006). Dabei geht es um die Bewältigung des sogenannten Prinzipal-Agent-Problems: Die Kapitaleigentümer (auftraggebend, Prinzipal) vertrauen ihr Kapital dem Management (beauftragt, Agent) an. Dabei hat der Agent einen signifikanten Informationsvorsprung (Hill & Jones, 1992). Es geht also um Fragen des «Moral Hazards» (moralische Versuchung): Der Agent könnte sich bei fehlender Kontrolle leichtsinnig verhalten, was zu Verlusten für die Kapitaleigentümer führt (Holmstrom, 1982). Es braucht deshalb ein ausgeklügeltes System an Kontrollen und Anreizen innerhalb eines sogenannten inneren und äusseren Dreiecks (Abbildung 5-11).

Das *innere Dreieck* besteht aus dem Zusammenspiel zwischen Management, Verwaltungsrat und Revision; das *äussere Dreieck* besteht aus Unternehmung, Märkten und Stakeholdern. Aufgabe der Corporate Governance ist es, ein Gleichgewicht innerhalb der beiden Dreiecke herzustellen. Von einem Versagen von Corporate Governance kann gesprochen werden, wenn diese Balance nicht mehr gewährleistet ist und z. B. eine Unternehmensleitung zu riskante Engagements eingeht oder sogar deliktisch handelt, der Verwaltungs- oder Aufsichtsrat trotz problematischen Berichten in den Medien keine kritischen Nachfragen stellt und die Wirtschaftsprüfung bzw. Revision keine Warnungen ausspricht, weil sie sich vielleicht mit ungenügenden Belegen zufrieden gibt.

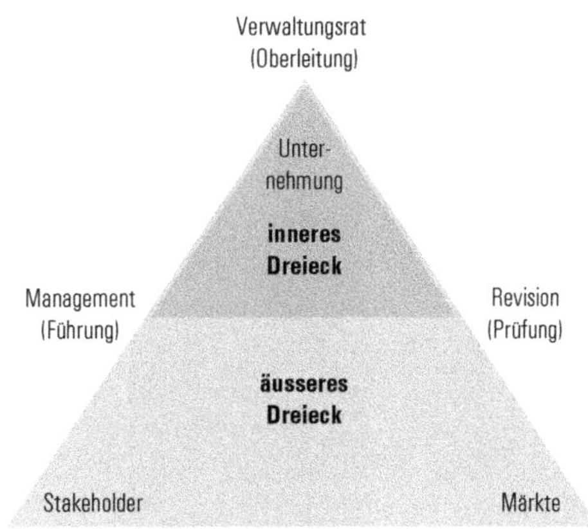

Abbildung 5-11: Dreiecke der Corporate Governance

Quelle: in Anlehnung an Böckli (2000)

Viele Länder, Branchenorganisationen und Wirtschaftsverbände entwickeln Richtlinien und Empfehlungen – sogenannte «Codes of Best Practice» für Corporate Governance. Diese operationalisieren die gesetzlichen Vorschriften und ergänzen diese mit Regeln der guten Praxis, so auch der «Swiss Code of Best Practice for Corporate Governance» von Economiesuisse (2016). Dieser definiert Corporate Governance als «Gesamtheit der auf das nachhaltige Unternehmensinteresse ausgerichteten Grundsätze, die unter Wahrung von Entscheidungsfähigkeit und Effizienz auf der obersten Unternehmensebene Transparenz und ein ausgewogenes Verhältnis von Führung und Kontrolle anstreben» (Economiesuisse, 2016, S. 6).

Insgesamt gibt es heute eine Summe von Kennzeichen guter Corporate Governance (Müller et al., 2014):

- Angemessener Umgang mit Risiken
- Formelles, transparentes Verfahren für Vorschlag und Wahl der Board-Mitglieder
- Funktionsfähige Unternehmensleitung
- Keine Kreuzverflechtung zwischen den Vergütungsausschüssen verschiedener Unternehmen
- Ausrichtung der Managemententscheidungen auf langfristige Wertschöpfung
- Transparenz in der Unternehmenskommunikation
- Wahrung der Interessen verschiedener Gruppen (z. B. der Stakeholder)
- Zielgerichtete Zusammenarbeit der Unternehmensleitung und -überwachung

5.6.3 Risikomanagement

Eine wichtige Aufgabe der Corporate Governance ist die Handhabung des Risikomanagements. Dazu gehört als zentrales Instrument die Risikoanalyse mit einer Risikomatrix (Abbildung 5-12).

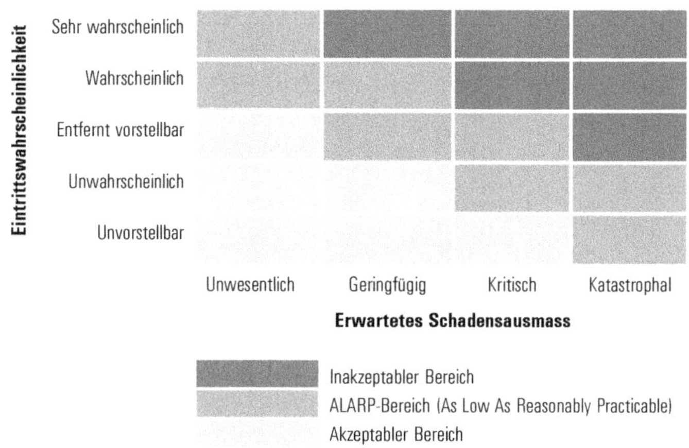

Abbildung 5-12: Beispiel einer Risikomatrix

Eine Risikomatrix erlaubt es, Risiken aus dem operativen und strategischen Bereich gemäss dem erwartetem Schadensausmass und der Eintretenswahrscheinlichkeit einzuordnen. Die dunklen Felder (normalerweise rot dargestellt) markieren den inakzeptablen Risikobereich: Für die hier eingeordneten Risiken ist sowohl die Eintrittswahrscheinlichkeit als auch das erwartete Schadensausmass sehr gross; sie sollten also durch risikoverhindernde Massnahmen in den verantwortbaren mittleren (normalerweise gelb dargestellt) oder gar den akzeptablen hellen Bereich (normalerweise grün dargestellt) gebracht werden. Bei den im mittleren Bereich eingeordneten Risiken müssen das Schadensausmass und die Eintrittswahrscheinlichkeit unter Berücksichtigung eines vertretbaren Aufwands soweit reduziert werden, dass der maximal mögliche Grad an Sicherheit gewährleistet wird. Für jedes Risiko im mittleren bis inakzeptablen Bereich sind also Massnahmenpläne zur Minimierung des Risikos (z. B. zusätzliche Kontrollen zur Vermeidung des Risikos) oder auch Massnahmen für die Bewältigung des Risikos bei dessen Eintreten (z. B. Versicherungen oder Backup-Systeme) zu definieren.

Eine wichtige Aufgabe für die Vermeidung der Risiken, die durch das Handeln von Organisationsangehörigen entstehen, ist die Definition sogenannter «Lines of Defence». Die erste Verteidigungslinie ist dabei das operative Management. So sollte eine Überschreitung von Kompetenzen (z. B. im Einkauf) primär durch die direkt vorgesetzte Person festgestellt werden. Die zweite Verteidigungslinie unterstützt das operative Management und überwacht dieses. Dies wird typischerweise durch die unternehmensinterne Compliance-Abteilung gewährleistet. Die dritte Verteidigungslinie überwacht schliesslich das Risikomanagement der Compliance-Abteilung. Diese Aufgabe wird oft von der internen Revisionsstelle übernommen, die auch mit der externen Revision zusammenarbeitet (Gerber & Stebler, 2014).

Code of Conduct

I. Anwendungsbereich

Die Regeln dieses Verhaltenskodexes gelten für alle Mitglieder des Verwaltungsrates sowie alle Mitarbeitenden der Jungfraubahnen und der Personalvorsorgestiftung der Jungfraubahnen.

Wir erwarten zudem auch von unseren Vertragspartnern (Lieferanten, Berater und Agenten), dass sie sich bei der Ausübung der vertraglichen Tätigkeit an unseren Verhaltenskodex halten.

II. Compliance Kultur

A. Aufrichtige und ehrliche Unternehmenskultur

Wir sind nicht nur Mitarbeitende, sondern auch Mitunternehmer/innen. Dieser Gedanke ist Teil unserer Unternehmenskultur, die geprägt ist von Identifikation, Loyalität und vorbildlichem Engagement.

Wir sind loyal und unterstützen gesamtunternehmerische Entscheide. Wir sind ehrlich und identifizieren uns voll mit dem Unternehmen.

Als Mitunternehmer bringen wir aktiv Ideen und Verbesserungen, Energie sowie Teamgeist ein. Wir übernehmen Verantwortung für unser Handeln, tragen die Konsequenzen dafür und sind bereit, Fehler einzugestehen. Aus Fehlern lernen wir und wir sind bereit, uns weiterzuentwickeln.

Wir kommunizieren offen, überzeugen mit fachlichen Argumenten und Kooperation steht für uns an erster Stelle. Wir stellen die Umsetzung von organisatorischen Veränderungen sicher und gehen auf die Anliegen unserer Mitarbeitenden ein.

...

Abbildung 5-13: Auszug aus dem Code of Conduct der Jungfraubahn
Quelle: Jungfraubahn Holding AG (2020)

Compliance hat heute für Unternehmen eine grosse Bedeutung. Es bestehen bei Compliance-Verletzungen nicht nur grosse finanzielle Risiken (z. B. Bussen), sondern verstärkt auch Reputations-Risiken. Compliance bedeutet das Erfüllen aller Regeln, die von der Organisation und ihren Mitgliedern zu beachten sind – unabhängig davon, ob es sich um gesetzliche Anforderungen handelt oder um solche, welche die Organisation sich selbst auferlegt hat. Die Sicherstellung von Compliance geschieht nicht nur über Regeln und Kontrollen, sondern muss auch auf einer entsprechenden Kultur aufgebaut sein und die Selbstverantwortung jedes Organisationsmitglieds nutzen. Als Grundlage für entsprechendes Verhalten werden heute sogenannte «Codes of Conduct» (Verhaltenskodizes) formuliert, in denen Grundsätze der Verhaltensweise im Unternehmen beschrieben sind (Abbildung 5-13).

Kapitel 5: Kernpunkte

- Bei Führung geht es darum, Einfluss auf Einzelne oder Gruppen zu nehmen und diese zu einer Leistung und damit zum Erreichen von Gruppen- oder Organisationszielen zu motivieren.
- Führungsstile können auf einem Kontinuum von autoritär bis demokratisch eingegliedert werden. Beim autoritären Extrem entscheidet eine führende Person selbst und gibt den Untergebenen Anordnungen. Beim demokratischen Extrem entscheidet die Gruppe selbständig, wobei die Führungsperson höchstens koordinierende Funktion hat. In der Praxis finden sich oft mittlere Varianten wie der partizipative Führungsstil, wobei die vorgesetzte Person das Problem aufzeigt, die Gruppe aber aktiv Lösungen einbringt.
- Das Personalmanagement umfasst die folgenden Elemente: Personalbedarfsermittlung, Personalbeschaffung, Personaleinsatz, Personalmotivation und -honorierung, Personalentwicklung, und Personalfreistellung
- Die Corporate Governance setzt den Rahmen für alle Aktivitäten der Führung und des Managements.
- Risikomanagement ist eine wichtige Aufgabe der Corporate Governance. Compliance ist in diesem Zusammenhang als Verteidigungsmechanismus gegen Risiken zu betrachten.

6 Umwelt und Interaktionsthemen

6.1 Fallstudie: Flughafen Zürich

Der Flughafen Zürich ist einer der drei Landesflughäfen der Schweiz. Als einziges interkontinentales Luftverkehrsdrehkreuz gehört der Flughafen Zürich zu den strategischen Infrastrukturen des Landes (UVEK, 2010). Er hat eine herausragende wirtschaftliche Bedeutung, die weit über die Schweiz hinausreicht. So generiert er direkte wirtschaftliche Effekte in Form von Arbeitsplätzen und Einnahmen für Zulieferunternehmen, aber auch katalytische Effekte durch seine Infrastrukturwirkung, welche die Reisezeiten verkürzt, internationale und interkontinentale Anbindung ermöglicht und nicht zuletzt auch Bekanntheit schafft. Diese Effekte reichen bis in den süddeutschen Raum und nach Vorarlberg. Für viele internationale Unternehmen, die im Raum Zürich-Zug ihre globalen oder regionalen Hauptsitze unterhalten, ist der Flughafen Zürich einer der Hauptfaktoren für den Standortentscheid (Infras, 2011).

Der Flughafen Zürich nimmt 1948 seine erste Piste in Betrieb. Vorher wurde der Flugbetrieb in einer gemischten Nutzung von militärischem und zivilem Flugbetrieb in Dübendorf abgewickelt. Bereits bei der Gründung werden die Hochbauten in eine Flughafen-Immobiliengesellschaft ausgelagert. Seit 1984 ist der Flughafen eine Aktiengesellschaft mit dem Kanton Zürich als grössten Einzelaktionär. Seither wurde der Flughafen Zürich in mehreren Etappen den sich ändernden Bedürfnissen des wachsenden Verkehrs angepasst, was mehrere kantonale Volksabstimmungen erforderte. Nachdem in den Jahren 1946 und 1959 Kreditvorlagen zum Bau in kantonalen Abstimmungen gutgeheissen werden, scheitert 1957 ein erstes grösseres Ausbauprojekt in einer Volksabstimmung (Flughafen Zürich AG, 2020). Der Ausbau wird von den Gegnern als zu gross bezeichnet. Dieser sieht eine Verlängerung der von Nord nach Süd laufenden Blindlandepiste von 2600 m auf 4000 m Länge und der Ost-West-Piste von 1900 m auf 3150 m Länge vor. Zum ersten Mal wird im Abstimmungskampf auch die Fluglärmproblematik betont.

Da die Swissair inzwischen moderne Düsenlangstreckenflugzeuge (DC 8) bestellt hat, drängt damals die Zeit für den notwendigen Ausbau. Ein redimensioniertes Projekt wird rasch aufgelegt und 1958 in der Volksabstimmung genehmigt. Zusätzliche Hochbauten werden erstellt, auf ein sogenanntes Fingerdock mit Direktzugang zu den Flugzeugen wird jedoch noch verzichtet; stattdessen werden Vorfeldbusse eingesetzt. Die Pisten werden auf die heutige Länge von 2500 m (Westpiste) und 3700 m (Blindlandepiste) verlängert. Damit ist der Flughafen für den Jet-Langstreckenverkehr gerüstet.

In den Jahren 1970 und 1975 folgen weitere positive Volksentscheide, die wichtige Bauvorhaben ermöglichen. Sie beinhalten ein neues Terminal mit Fingerdock und vor allem auch eine zusätzliche 3300 m lange Piste, die sogenannte V-Piste 14/32. Diese Projekte werden nach einem heftig geführten Abstimmungskampf, bei dem die Fluglärmkritik eine entscheidende Rolle spielt, gutgeheissen. Gleichzeitig wird ein Nachtflugverbot eingeführt.

Später wird der Flughafen Zürich mit einer vierten (Fingerdock Terminal A, Eröffnung 1985) und fünften (Dock E Midfield mit Erschliessung durch eine kurze U-Bahn, Eröffnung 2003) Ausbauetappe um Terminalkapazitäten erweitert. Dazu sind wieder Volksabstimmungen zu bestehen. Im Jahr 1991 wird die Volksinitiative für massvollen Flugverkehr, die ein Einfrieren der Kapazitäten des Flughafens bedeutet hätte, von rund Zweidritteln der Stimmen abgelehnt). Für die Entwicklung des Flughafens ist auch die landseitige Erschliessung wichtig. Diese wird durch seinen Einbezug in das Autobahnnetz und ab 1980 mit der Eröffnung des Flughafenbahnhofes zukunftsweisend gewährleistet.

Inzwischen gehört der Flughafen Zürich zu den verkehrsstärksten in Europa. Er ist in Bezug auf Passagierfrequenzen mit seinen 31,5 Millionen Passagieren auf Platz 15 in Europa (Flughafen Zürich AG, 2019). In den Jahren vor der COVID-19-Pandemie stagnieren die Flugbewegungen weitgehend, während durch den Einsatz grösserer Flugzeuge das Passagiervolumen laufend zunimmt. In Spitzenzeiten übersteigt die Nachfrage nach Slots das bestehende Angebot deutlich, sodass die private Geschäfts- und Hobby-Fliegerei immer mehr durch Linienflüge verdrängt wird.

Der Flughafen Zürich ist heute weitgehend durch sein Pistensystem eingeschränkt (Schürer, 2017). Die historische Anlage der Pisten und die laufende Vergrösserung des Siedlungsgebiets in unmittelbarer Nähe verunmöglicht einen modernen Parallelpistenbetrieb, wie er bei anderen Hubs besteht. Auf den meisten europäischen Drehscheiben wurde das Pistensystem sukzessive ergänzt. So verfügt Frankfurt heute neben den Parallelpisten über zwei zusätzliche unabhängige Pisten, Amsterdam hat insgesamt gar über sechs Pisten. Ein grosses Problem sind die Pistenkreuzungen am Boden und Flugwegkreuzungen in der Luft. So müssen Flugzeuge oft über im Betrieb stehende Pisten kreuzen – oder An- und Abflugkorridore kreuzen sich in der Luft. Insgesamt resultiert eine relativ tiefe Stundenkapazität von 66 Starts und Landungen. Bei ungünstigen Windlagen, wie die häufig auch im Sommer eintretende Bisenlage (Nordostwind), reduziert sich die Kapazität auf 44 Flugbewegungen pro Stunde, da nicht mehr gleichzeitig gelandet und gestartet werden kann. Da die Slot-Kapazitäten in den Start- und Landewellen voll vergeben sind, resultieren daraus sich über den Tag kumulierende Verspätungen, insbesondere für die «Hub-Airline» Swiss, so dass der Verspätungsabbau im Zeitfenster zwischen 23.00 und 23.30 Uhr beansprucht werden muss.

Höhere Kapazitäten wären sowohl aus volkswirtschaftlicher Sicht (Ausbau der Verbindungen insbesondere im Interkontinentalbereich), aber auch aus betrieblicher Sicht für den Flughafen (weniger Verspätungsanfälligkeit) sowie für die Fluggesellschaften (Möglichkeit zum notwendigen Ausbau und Wachstum im internationalen Wettbewerb) erwünscht. Umgekehrt gibt es starke politische Kräfte, die eine effizientere Flugroutenführung und einen weiteren Ausbau beschränken und die Lärmbelastung weiter reduzieren möchten. Zusätzlich wird der Luftverkehr im Rahmen der Klimadiskussion per se in Frage gestellt.

Aus technischer Sicht brächte die Schaffung eines geraden Südstarts während der Mittagsspitze eine kapazitative Erleichterung. Der Flughafen wünscht sich diese Möglichkeit bei Bisenlage sowie über die hochausgelastete Mittagszeit. Anwohner und Lärmgegner im Süden wehren sich gegen diese betriebliche Flexibilisierung und Ausweitung. Eine langfristige minimale Wachstumsmöglichkeit könnte im Weiteren nur durch eine Korrektur des heutigen Pistensystems und den Umbau auf ein Parallelpistensystem ermöglicht werden. Dieses scheint jedoch politisch auf absehbare Zeit nicht realisierbar, da u. a. eine Änderung der Bundesverfassung bezüglich Moorschutz nötig wäre.

Für verschiedene Akteure ergeben sich aufgrund der vorliegenden Herausforderungen wesentliche Entscheidungsdilemmata, wobei es Ziele gegeneinander abzuwägen gilt:

- Für die Politik: Volkswirtschaftlich (und betriebswirtschaftlich) wünschbare Kapazitätsausweitung versus Umweltbedenken (insbesondere Lärmschutz) der Bevölkerung.

- Für den Flughafen: Notwendige Kapazitätsausweitung zur Sicherstellung der Qualität im Sinne von Pünktlichkeit und gewissen Wachstumsperspektiven versus gutes Einvernehmen mit der Region.

- Für die Swiss als «Hub-Airline»: Wahrnehmung von Wachstumschancen und Wachstumsnotwendigkeiten im Wettbewerb mit internationalen Hubs versus politisch-gesellschaftliche Verankerung.

Eckwerte:

- Der Flughafen Zürich ist ein börsenkotiertes Unternehmen mit dem Kanton Zürich als Mehrheitsaktionär.
- 2019 zählt der Flughafen Zürich 31,5 Millionen Passagiere (Platz 15 in Europa).
- 2019 liegt der Umsatz im kommerziellen Bereich bei CHF 601 Mio.
- 2019 sind bei der Flughafen Zürich AG über 2000 Mitarbeitende angestellt.

Diskussionsfragen:

A. Welches sind die Bedingungen für die Entstehung und den Bestand der Flughafenbetreiberin Flughafen Zürich AG?
B. Welches sind für die Flughafen Zürich AG die wichtigsten Beziehungen zu Anspruchsgruppen? Welche Interaktionsthemen dürften im Vordergrund stehen?
C. Wie könnten die Stakeholder-Beziehungen der Flughafen Zürich AG grundsätzlich gestaltet werden?

6.2 Organisationen in ihrer Umwelt

Organisationen entstehen in und interagieren mit ihrer Umwelt. Zum einen erschliessen sich Organisationen über ihre Beziehung mit unterschiedlichen Anspruchsgruppen (Stakeholder) verschiedene Ressourcen (Personal, Technologie, Material, usw.), welche sie für ihre Wertschöpfung brauchen. Zum anderen leisten Organisationen über ihre primäre und sekundäre Wertschöpfung (s. Kap. 1.5.2) Beiträge an diese Anspruchsgruppen und damit positive Auswirkungen auf ihre Umwelt (z. B. über Produkte und Dienstleistungen oder über Arbeitsplätze und Steuern), aber auch nicht-intendierte negative Effekte (z. B. Beiträge zur Klimaerwärmung durch die eigene Produktion).

Organisationen und deren Anspruchsgruppen sind in unterschiedliche Umweltsphären eingebettet, z. B. in die Wirtschaft, die Gesellschaft, die Technologie oder die Natur. Jede dieser Umweltsphären funktioniert nach eigenen Regeln, worauf sich Organisationen im Umgang mit ihren Anspruchsgruppen einstellen. Die Beziehung zu politischen Anspruchsgruppen oder zu Medien als Anspruchsgruppen der Öffentlichkeit ist eine andere als z. B. jene zu Lieferanten oder Kunden aus der Umweltsphäre Wirtschaft. Dank ihrer Einbettung in Umweltsphären können sich Organisationen einerseits Möglichkeiten und Ressourcen zur Wertschöpfung erschliessen, sehen sich andererseits aber auch mit Erwartungen und Ansprüchen von Stakeholdern konfrontiert (Abbildung 6-1). Mittels entsprechender Entscheidungen und Handlungen kann Management die Ressourcen, Möglichkeiten und Erwartungen als Existenzbedingungen einer Organisation aktiv entwickeln und gestalten (Rüegg-Stürm & Grand, 2020, S. 230).

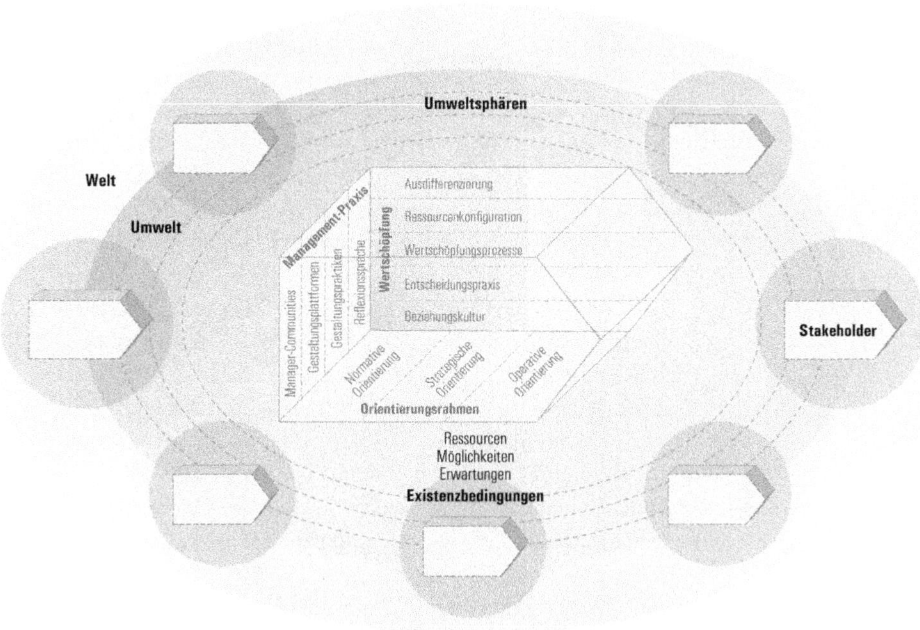

Abbildung 6-1: Aktuelles St. Galler Management-Modell, Praxisperspektive
Quelle: Rüegg-Stürm und Grand (2020)

Um in einer wettbewerblichen wirtschaftlichen Umwelt längerfristig bestehen zu können, müssen Unternehmen verschiedenste Herausforderungen bewältigen. Wenn ein Unternehmen in seiner Umwelt nicht erfolgreich bestehen kann, setzt die finanzielle Situation dem Unternehmen letztlich ein Ende (vgl. Kap. 3.7.2). Spätestens wenn eine Organisation nicht mehr in der Lage ist, die laufenden finanziellen Verbindlichkeiten zu decken (Liquiditätsprobleme) oder die Verbindlichkeiten grösser sind als die Vermögenswerte (Solvenzprobleme), dann verliert sie ihre Fortführungs- und Existenzfähigkeit. Die zuständigen Organe müssen die Bilanz deponieren und das Unternehmen liquidieren oder, wenn Aussichten auf eine Besserung der Situation und eine Restrukturierung bestehen, sich um eine Nachlassstundung bemühen. Damit hat auch das Verhältnis eines Unternehmens zu Geldgebenden eine grosse Bedeutung. Gelingt es auch in einer schwierigen Situation, die Eigentümerinnen, Fremdkapitalgeber oder – als «Lender of Last Resort» – die öffentliche Hand von der Überlebensfähigkeit der Organisation und ihrer Existenzberechtigung zu überzeugen, dann können diese ein Unternehmen durch zusätzliche Kredite (Liquidität) oder Kapitaleinschüsse (Solvenz) am Leben halten.

Zur Erklärung des Entstehens, Bestehens und Wachstums von Unternehmen in dieser Welt wurden unterschiedliche Erklärungsansätze, die so genannten «Theories of the Firm» entwickelt. In Anlehnung an Slater (1997) können (mindestens) folgende fünf Theorien unterschieden werden, die hier zuerst kurz umschrieben und anschliessend im Detail vorgestellt werden:

- *Neoklassische Theorie:* Mit diesem Ansatz wird die Frage betont, ob das Unternehmen bei gegebener Technologie eine für die Branche sinnvolle Betriebsgrösse hat. Hier geht es um die Herausforderung, in relativ stabilen Umwelten aufgrund des Wettbewerbs Skaleneffekte zu erzielen, um die eigenen Produkte oder Dienstleistungen kostendeckend herzustellen.
- *Transaktionskostentheorie:* Mit diesem Ansatz wird die Frage betont, ob das Unternehmen eine plausible Reichweite in der Wertschöpfungskette hat, also seine Unternehmensgrenzen und damit die Schnittstellen zum Markt bezüglich externen Transaktionskosten und internen Koordinationskosten ökonomisch sinnvoll definiert sind. Dieser Ansatz adressiert damit die Frage, welche Teilleistungen bei zunehmender Spezialisierung zwischen Organisationen von der eigenen Wertschöpfung selbst erbracht werden sollen und welche nicht.
- *Ressourcenbasierte Theorie:* Mit diesem Ansatz wird die Frage betont, ob das Unternehmen Ressourcen und Fähigkeiten im Sinne schützbarer Wettbewerbsvorteile hat, die seine Existenz sichern. In einem weiteren Sinn stellt dieser Ansatz die Herausforderung in den Vordergrund, dass Unternehmen gegenseitig um Ressourcen konkurrieren. Gerade in wissensintensiven Industrien oder bei zunehmendem Innovationswettbewerb ist diese Fähigkeit erfolgsentscheidend.
- *Behavioristische Theorie:* Mit diesem Ansatz wird die Frage betont, ob es dem Unternehmen gelingt, den Zusammenhalt seiner Anspruchsgruppen aufrecht zu erhalten. Dieser Zugang fokussiert darauf, dass Organisationen mit vielfältigen Anspruchsgruppen aus unterschiedlichen Umweltsphären interagieren. Erfolg besteht hier darin, die unterschiedlichen Ansprüche fortlaufend und konsistent zu bearbeiten, um den Zugang zu Ressourcen sowie den Absatz der eigenen Produkte und Dienstleistungen zu sichern.

- *Kundenwertbasierte Theorie:* Mit diesem Ansatz wird die Frage betont, ob es dem Unternehmen gelingt, im Wettbewerb einen ausreichenden Kundennutzen zu generieren, der einen genügend grossen Markt ermöglicht. Dieser Erklärungsansatz stellt den Kundennutzen in den Vordergrund und greift damit das Thema auf, sich im Wettbewerb mit anderen Unternehmen immer wieder neu auf sich verändernde Bedürfnisse einzustellen.

Die fünf «Theories of the Firm» greifen jeweils eine bestimmte Herausforderung von Unternehmen für ein erfolgreiches Überleben in ihren Umwelten auf. In der Praxis beschäftigen sich Unternehmen mit allen diesen – und noch weiteren Herausforderungen – gleichzeitig, um den eigenen Erfolg sicherzustellen. Ein Automobilhersteller muss aufgrund des Wettbewerbs möglichst kostengünstig produzieren. Dies erreicht er unter anderem durch regelmässige Entscheidungen in der Frage, ob Teilleistungen selbst erbracht und zugekauft werden sollen. Daraus ergibt sich die Aufgabe, das wachsende Netzwerk an Zulieferern (mit Blick auf die zugekauften Teile und deren Qualität, die zeit- und ortgerechte Lieferung sowie die fortlaufende Weiterentwicklung) zu steuern. Diese Aufgabe erfordert zusätzliche Fähigkeiten und Ressourcen (neben den bereits benötigten Kapazitäten zur eigenen Produktion, zur Forschung und Entwicklung usw.). Gleichzeitig achtet ein Hersteller auf den Umgang mit den Anspruchsgruppen (in diesem Fall Zulieferer, aber auch Mitarbeitende, Investoren, Kunden, Politik oder die Öffentlichkeit). Eine zentrale Anspruchsgruppe sind dabei die Kundinnen und Kunden, für welche die eigenen Produkte und Dienstleistungen einen Nutzen stiften müssen, um erfolgreich zu sein. Dazu werden z. B. Autos auf unterschiedliche Bedürfnisse abgestimmt – bis hin zur individuellen Konfiguration eines Neuwagens. Zusammengefasst sind Organisationen also gefordert, alle über die «Theories of the Firm» beleuchteten Themen erfolgreich und gleichzeitig zu bearbeiten. Die nachfolgenden Abschnitte enthalten detaillierte Einzelbetrachtungen der eingeführten «Theories of the Firm» nach Slater (1997).

6.2.1 Neoklassische Theorie

Die neoklassische Theorie (Chandler, 1992) zum Wachstum von Unternehmen geht vom Modell des perfekten Wettbewerbs aus. Im neoklassischen einfachen Produktionsmodell (bestehend aus den Inputfaktoren Arbeit und Kapital) gibt es für jede Produktion in Bezug auf Produktionsmenge eine optimale Betriebsgrösse. Diese ist quasi die kostenminimierende Konfiguration von Arbeit und Kapital bei einer gegebenen Technologie.

So war typischerweise die betriebsoptimale Grösse einer Brauerei vor Zeiten von Eisenbahn und Kühlschrank definiert durch die maximal mögliche Verarbeitungsmenge ohne Kühlmöglichkeiten und die Auslieferungsmärkte mit der gegebenen Transporttechnologie, den Pferdefuhrwerken. Entsprechend war die Betriebsgrösse begrenzt durch die Konsummenge einer kleineren bis mittelgrossen Stadt bzw. Landregion oder eines einzelnen Quartiers einer grösseren Stadt.

Mit neuen Technologien (z. B. Kühlaggregate, die grössere Produktionsmengen lagerbar machten, oder Lastwagen, mit denen grössere Marktgebiete erschlossen werden konnten, oder auch Produktionstechnik mit neuen computergesteuerten Verfahren und Hygienemassnahmen) wurde eine laufende Steigerung der optimalen Betriebsgrösse ermöglicht. Diese Steigerung setzt sich bis in die heutige Zeit fort, in der Grossbrauereien mittlerweile globale Märkte versorgen. Theoretisch wird das Produktionsoptimum (und damit auch die sinnvolle Betriebsgrösse) durch die Mikroökonomie erklärt: Bei vollständigem Wettbewerb liegt dieses dort, wo die Grenzkosten der Produktion (also die Produktionskosten der letzten Einheit) die Durchschnittskosten pro produzierte Einheit schneiden (siehe Kolmar, 2017, S. 237).

Die neoklassische Produktionstheorie erklärt so die optimale Betriebsgrösse von Unternehmen und damit die Frage, wie eine Produktionslandschaft und damit indirekt auch eine Unternehmenslandschaft strukturiert sein sollte. Ein Unternehmen besteht, so lange es eine das Überleben ermöglichende Betriebsgrösse hat. Wenn die optimale Betriebsgrösse aufgrund neuer Technologien steigt, muss das Unternehmen entweder wachsen, sich integrieren oder vom Markt verschwinden.

6.2.2 Transaktionskosten-Theorie

Die Transaktionskosten-Theorie (Coase, 1937; Williamson, 1975) erklärt die Existenz und Grösse eines Unternehmens durch den Vergleich der externen Transaktionskosten mit internen Koordinationskosten. Ein Unternehmen macht damit das selbst, was es nicht günstiger am Markt zukaufen oder absetzen kann.

So ist z. B. das Outsourcing der Reinigung in einem Spital sehr aufwändig. Es braucht aufgrund der Operationspläne sehr flexible Reinigungszeiten und die benötigte Qualität differenziert je nach Behandlungsbereich. Das Personal, das auch mit Patientinnen und Patienten in schwierigen Lebenslagen kommunizieren muss, braucht eine entsprechende Ausbildung und Eignung. Schlussendlich gilt es auch, Haftungsfragen bei ungenügender Reinigung und Verletzung von Sorgfaltspflichten zu regeln. Die entsprechenden Verträge würden sehr komplex ausfallen, während die internen Koordinationskosten eines eigenen Reinigungsdienstes mit den heute gegebenen Planungstools und mit den in einem Spital sowieso schon bestehenden HR-Prozessen tiefer sein können.

Ein Unternehmen umfasst folglich genau die Aktivitäten, die ökonomisch sinnvoll innerhalb einer wirtschaftlichen Einheit koordiniert werden. Nach der Transaktionskostentheorie verändern sich die Schnittstellen des Unternehmens mit seiner Umwelt (z. B. Beziehungen zu Lieferanten, Abnehmern oder Partnern), wenn sich gesellschaftliche, technologische oder rechtliche Rahmenbedingungen verändern. Wenn z. B. durch eine zunehmende Heterogenität einer Gesellschaft das gemeinsame, quasi kulturell gegebene Qualitätsverständnis erodiert, dann braucht es vermehrt Kontrolle von Leistungen, was wiederum dazu führen könnte, dass Leistungsverträge detaillierter und damit die Transaktionskosten höher werden, was ein Outsourcing weniger attraktiv macht. Wenn hingegen aufgrund neuer Technologien elektronische Plattformen z. B. für die Personalsuche entstehen, wird es leichter, Wartungsarbeit auszulagern. Falls aber durch neue haftungsrechtliche Bedingungen die Verantwortung von Lieferanten für die Einhaltung von Sicherheits-, ökologischen und menschenrechtlichen Standards strenger werden, dann kann es sich aufgrund der einfacheren internen Kontrollmöglichkeiten lohnen, die Produktion nicht mehr auszulagern sondern wieder zu internalisieren.

6.2.3 Ressourcenbasierte Theorie

Die ressourcenbasierte Theorie (Penrose, 1959) erklärt die Existenz, die Grösse und die Entwicklung eines Unternehmens in Abhängigkeit von der Ressourcenausstattung. Ähnlich wie bei der neoklassischen Theorie geht es um die optimale Kombination von Ressourcen, wobei diese gemäss der ressourcenbasierten Theorie nicht homogen und austauschbar, sondern selten und kaum imitierbar sind bzw. sein sollen.

Wenn sich z. B. aufgrund der spezifischen Kompetenzen eines Unternehmens die Möglichkeit bietet, qualitativ hochstehende Produkte zu (dank Standardisierung und grossen Mengen) vergleichsweise günstigen Kosten herzustellen, dann kann die Reichweite dieses Unternehmens global sein. Ist jedoch ein Unternehmen nur in der Lage, kleinere Stückzahlen und spezialisierte Produkte zu mittleren und höheren Kosten zu liefern, dann prosperiert dieses Unternehmen vielleicht eher nur in einem regionalen Markt. Grosse Reichweiten, auch bei einmaligen Kompetenzen, bedingen immer auch entsprechendes Kapital für Investitionen in Produktionsanlagen und Distributionssysteme, aber auch in Markterschliessung und Risikoabdeckung. Dies zeigt sich auch bei Startups, die in der Wachstumsphase oft grosse Kapitalzuflüsse benötigen.

6.2.4 Behavioristische Theorie

Die behavioristische Theorie (Simon, 1947) erklärt die Grösse und die Existenz einer Unternehmung mit dem erfolgreichen Zusammenhalt der Anspruchsgruppen. Diese Theorie kann erklären, warum Unternehmen trotz (teilweisem) Abweichen von «rationalem» Verhalten, also ohne perfekte Gewinnmaximierung (vgl. neoklassische Theorie) überleben können. So wird z. B. zugunsten von Individuen (z. B. Führungskräfte, Mitarbeitende) oder Koalitionen (z. B. Gewerkschaften, Standesverbände) ein Kompromiss gesucht, bei dem der Unternehmensgewinn limitiert, dafür Risiken und langfristiges Verbleiben in bzw. Überleben der Organisation sichergestellt wird.

So kann z. B. eine Wirtschaftsprüfungsgesellschaft bei einer tiefgreifenden Rezession leichter als andere eine grosse internationale Reichweite aufrechterhalten, wenn sie in der Vergangenheit gute Verbindungen mit den Regulationsbehörden in verschiedenen Ländern gepflegt, aber auch eine international tätige Kundenbasis aufgebaut sowie über die Jahre eine Verankerung in den Standesverbänden entwickelt und Investitionen in den Zugang zu lokalen Ausbildungsinstitutionen getätigt hat.

6.2.5 Kundenwertbasierte Theorie

Die kundenwertbasierte Theorie (Slater, 1997) geht vom Abnehmermarkt aus. Der generierte Kundenwert wird zur eigentlichen Existenzberechtigung einer Organisation. Die Existenz einer Unternehmung hängt nach dieser Theorie davon ab, ob es erfolgreich Bedürfnisse der Abnehmermärkte erfüllt und damit seiner Grundfunktion nachkommt. So kann z. B. ein Streamingdienst dank grösstem Filmsortiment und personalisierten Empfehlungen einen überlegenen Kundennutzen generieren und dank diesem rasch global expandieren.

Die Existenz eines Unternehmens wird dann in Frage gestellt, wenn es keinen Kundennutzen mehr bietet. Dies ist z. B. heute im Bereich der physischen Post der Fall, die in vielen Ländern, vor allem unter Berücksichtigung der vielen zu betreibenden Poststellen und Filialen nicht mehr rentiert. Der Kundenwert ist im Verhältnis zu den Produktionskosten ungenügend. Gerade das Beispiel Post zeigt aber auch, dass es übergeordnete Gründe geben kann, trotz fehlender Kundschaft respektive ungenügendem Kundennutzen Leistungen im Sinn einer Grundversorgung («Service Public») aufrecht zu erhalten.

6.3 Organisationen, Umwelt und Interaktionsthemen

Organisationen benötigen ihre Umwelt für den Zugang zu Ressourcen und leisten, wie oben erwähnt, eigene Beiträge an ihre Umwelt. Das SGMM stellt dieses wechselseitige Verhältnis zwischen einer Organisation und ihrer Umwelt in den Vordergrund.

Einerseits erschliesst sich eine Organisation Ressourcen aus der Umwelt (z. B. Arbeit, Kapital, Wissen, aber auch Nachfrage für die eigenen Produkte sowie Zugang zum Staat für Betriebsbewilligungen und zur Öffentlichkeit für positive Reputation). Was als Ressource gilt, ergibt sich aus dem jeweiligen Wertschöpfungsprozess (vgl. Kap. 1.5.2). Das heisst, dass sich jede Organisation ihre eigene Umwelt definiert – je nachdem, welche Ressourcen sie benötigt. Diese Ressourcen sind vielfältig und zum Teil auch voneinander abhängig (z. B. bestimmte Technologien und das dafür fachkundige Personal). Über die Zeit entwickelt sich aus den unterschiedlichen Ressourcen und ihren Beziehungen untereinander eine spezifische Ressourcen-Konfiguration für die eigenen Wertschöpfungsprozesse.

Andererseits bringt die organisationale Wertschöpfung wiederum Produkte und Dienstleistungen hervor, die eine Organisation an ihre Kundinnen und Kunden und damit an die Umwelt abgibt. Neben dieser Primärwertschöpfung erbringen Organisationen auch eine Sekundär- oder Zusatzwertschöpfung, sei es gewollt oder ungewollt (vgl. Kap. 1.5.2). Zusammengefasst sind Organisation in ihre Umwelt eingebettet, d. h. sie gehen auf Erwartungen aus der Umwelt, konkret auf ihre Anspruchsgruppen, ein. Gleichzeitig gestalten Organisationen ihre Umwelt auch über ihre Wertschöpfung und darüber, wie sie mit ihren Anspruchsgruppen umgehen (Abbildung 6-2). Das Management (als drittes Element) hat somit immer einen doppelten Fokus, nämlich auf Organisation und Umwelt, mit dem Ziel, eine «nachhaltig nutzenstiftende Wertschöpfung» (Rüegg-Stürm & Grand, 2020, S. 37) zu realisieren.

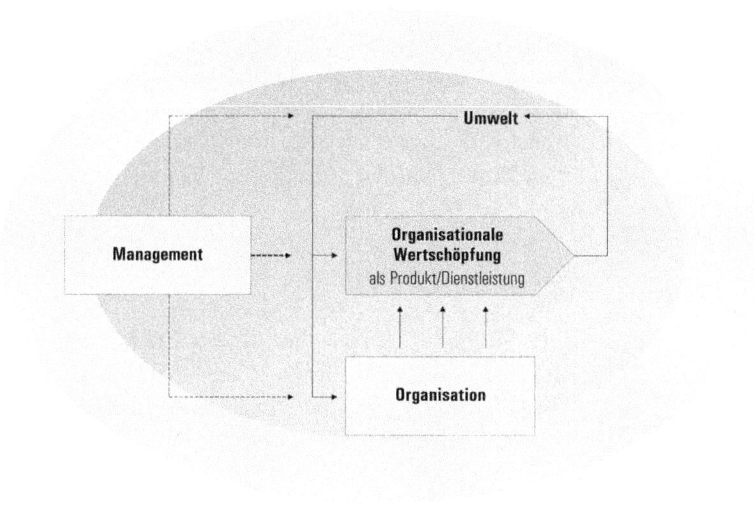

Abbildung 6-2: Organisationale Wertschöpfung, Umwelt, Organisation und Management
Quelle: Rüegg-Stürm und Grand (2020, S. 38)

Aufgrund des Austauschs einer Organisation mit ihrer Umwelt entstehen gegenseitige Ansprüche, Anforderungen und Erwartungen. Um diese Anliegen und deren Entwicklung über die Zeit zu kennen und zu adressieren, bauen Organisationen Beziehungen mit ihren Anspruchsgruppen auf. In unterschiedlicher Weise entsteht so ein Dialog zu den jeweils relevanten Fragestellungen, den so genannten *Interaktionsthemen.* Im Umgang mit unterschiedlichen Anspruchsgruppen geht es darum, die verschiedenen Anliegen und Erwartungen auszuloten und die Interessen mit Blick auf den Erfolg einer Organisation in Bezug zu setzen.

Ein Beispiel für ein Interaktionsthema mit den Mitarbeitenden (respektive deren Vertretern wie Gewerkschaften oder Personalkommissionen) ist die Arbeitsplatzsicherheit. Wenn die Umwelt stabil ist, können relativ solide und dauerhafte Vereinbarungen oder Arrangements getroffen werden. Dies ist z. B. der Fall, wenn ein Produktionsunternehmen in einer Gemeinde von überblickbarer Grösse dank einer stabilen Technologie über Jahrzehnte eine ähnliche Anzahl an Mitarbeitenden beschäftigt und ein ähnliches Produkt mit einer vergleichbaren Umweltbelastung herstellt. Veränderungen in anderen Umweltsphären führen jedoch dazu, dass diese Arrangements immer wieder hinterfragt werden müssen. Steigt z. B. die Sensibilisierung hinsichtlich der Umweltbelastung, dann muss im gegebenen Beispiel das Verhältnis zur natürlichen Umwelt neu ausgehandelt werden.

Als Folge könnte die Notwendigkeit für zusätzliche Investitionen in Filter- oder Kläranlagen entstehen. Diese Investitionen können aber umgekehrt auch die Gesamtproduktionskosten dieses Unternehmens beeinflussen, womit es vielleicht gezwungen ist, in effizientere Produktionstechnologien zu investieren, woraus sich dann ein geringerer Bedarf an Arbeitskräften ergibt.

6.3.1 Umweltsphären

Eine Veränderung in einem Bereich der organisationalen Umwelt kann sich auf das Verhältnis des Unternehmens zu seiner ganzen Umwelt auswirken. Die Umwelt bildet keinen homogenen Raum, sondern besteht aus unterschiedlichen und vielfältigen Sphären wie (Rüegg-Stürm & Grand, 2020, S. 56):

- Wirtschaft
- Technologie
- Natur
- Gesellschaft

Neue Technologien entstehen typischerweise an Forschungseinrichtungen, die sich in der Umweltsphäre Technologie bewegen. Finanzmittel werden über den Kapitalmarkt in der Umweltsphäre Wirtschaft bezogen. In der Umweltsphäre Gesellschaft werden Mitarbeitende gewonnen; die öffentliche Reputation wird in den Medien verhandelt und Regularien werden in politischen Entscheidungsprozessen hervorgebracht. Die grundlegendste aller Umweltsphären ist jedoch die Natur; sie stellt den eigentlichen Lebensraum der Menschheit dar und ist zentraler Ressourcenlieferant (Wasser, Klima, Topografie, usw.).

Alle genannten Umweltsphären funktionieren unterschiedlich und haben eigene Ziel- und Erfolgsvorstellungen: So geht es in der Wirtschaft letztlich um ökonomischen Erfolg, wobei der Profit erfolgsentscheidend ist. In der Umweltsphäre Technologie sind es Neuentwicklungen oder Patente, während in einer (demokratischen) Gesellschaft das Gewinnen von Mehrheiten zum Erfolg führt. Für Organisationen bedeutet diese Vielfältigkeit eine Herausforderung, denn sie müssen die Beziehungen mit allen Umweltsphären und Anspruchsgruppen integrativ denken und gestalten. Umweltsphären sind zudem nicht statisch, sondern dynamisch, weshalb zwischen den Umwelten immer wieder Kontroversen entstehen. So hat z. B. in den letzten Jahren aufgrund des Klimawandels die öffentliche Aufmerksamkeit für die natürliche Umwelt stetig zugenommen. Wie weit soll sich ein Unternehmen darauf einstellen, höhere Umweltstandards zu erfüllen, ohne dabei die Kosten zu steigern und mitunter die Zahl der Arbeitsplätze vor Ort in Frage zu stellen? Oder wie weit sollen finanzielle Risiken zu Lasten der Eigentümer eingegangen werden, um in neue Produkte und die Befriedigung von Konsumentenbedürfnissen zu investieren?

Solche Kontroversen werden nicht nur zwischen dem Unternehmen und *einer* Anspruchsgruppe geführt. Weil sich Anspruchsgruppen überschneiden (Umweltvertreterinnen, die gleichzeitig Kundinnen sind) und Lösungen für eine Umwelt Auswirkungen auf andere haben (z. B. können Rabatte und günstigere Preise für Kunden die Rendite für Kapitalgeber reduzieren), muss das Management integrativ über alle Anspruchsgruppen ausgleichend Lösungen finden und Kontroversen bewältigen. Je nach betroffener Umweltsphäre können dabei unterschiedliche Interaktionsthemen und Kontroversen mit verschiedenen Bewertungsmassstäben im Zentrum stehen (Abbildung 6-3).

Umweltsphären	Wirtschaft	Technologie	Natur	Gesellschaft
Interaktionsthemen und Kontroversen	Volkswirtschaftliche Rahmenbedingungen, Verkehrsinfrastrukturen	Innovation in den Bereichen Mobilität und Energiegewinnung	Umweltverschmutzung, Klima und Klimawandel, Ressourcenreichtum	Störung der benachbarten Anwohnenden durch Geräuschkulisse
Bewertungsmassstäbe	Bezahlung/Nicht-Bezahlung, Effizienz	Energie-, Zeit-, Kosteneinsparung	CO_2-Ausstoss, Begrünung	Laut/leise, Dezibel

Abbildung 6-3: Umweltsphären mit Interaktionsthemen, Kontroversen und Bewertungsmassstäben am Beispiel eines Flughafens

6.3.2 Anspruchsgruppen

Bevor ein Unternehmen konkrete Massnahmen wie runde Tische (vgl. Kap. 2.6.1) zur Handhabung solcher komplexer Kontroversen einsetzt, analysiert es zunächst seine Anspruchsgruppen («Stakeholder»). Anspruchsgruppen werden gemäss dem SGMM definiert als Akteure innerhalb der Umweltsphären, «die an der organisationalen Wertschöpfung beteiligt oder von ihr aktuell oder potenziell betroffen sind» (Rüegg-Stürm & Grand, 2020, S. 54). Dies sind z. B. Kunden, Lieferanten, Medien, Politikerinnen, aber auch Bürgerinitiativen, NGOs oder Behörden (Abbildung 1-1). Je nach Art der Wertschöpfung ergeben sich für eine Organisation eine unterschiedliche Anzahl und Zusammenstellung solcher Anspruchsgruppen.

Eine Organisation steht damit vor der Aufgabe, erstens ihre Anspruchsgruppen zu definieren, zweitens diese zu priorisieren und drittens jeweils einen spezifischen Umgang mit ihnen zu finden. Für diese drei Schritte – die sogenannte Anspruchsgruppenanalyse – existieren grundsätzlich zwei Herangehensweisen, die eine je eigene Grundhaltung einer Organisation gegenüber ihren Anspruchsgruppen zum Ausdruck bringen:

- *Strategisches Stakeholder-Konzept* (vgl. Freeman, 1984): Dieser Ansatz geht implizit von einer Zweck-Mittel-Beziehung aus, wobei das Ziel bzw. das Ergebnis im Zentrum steht. Dieses Konzept orientiert sich hauptsächlich an der Wirkmächtigkeit einer Anspruchsgruppe (Rüegg-Stürm & Grand, 2020, S. 53). Es werden primär jene Anspruchsgruppen als relevant betrachtet, die einen Einfluss auf das Unternehmen ausüben können, von denen das Unternehmen also abhängig ist. Im oben erwähnten Beispiel von Investitionen in Umweltmassnahmen würden also insbesondere die Kunden, die Kapitalgeber und einflussreiche Politikerinnen als relevante Anspruchsgruppen definiert, da das Unternehmen stark von ihnen abhängig ist. Die breitere Gesellschaft, allen voran die von der Umweltbelastung betroffene Anwohnerschaft, hat keinen bedeutenden Einfluss auf das Unternehmen und muss zur Erhaltung der Arbeitsplätze die Belastung der natürlichen Umwelt «tolerieren». Als Extremform des strategischen Stakeholder-Konzepts gilt der Shareholder-Value-Ansatz, welcher die Strategie eines Unternehmens einzig an den Interessen der Aktionäre bzw. Eigentümerinnen des Unternehmens ausrichtet.
- *Normativ-ethisches Stakeholder-Konzept* (vgl. Ulrich, 1997): Dieser Ansatz geht von der Pflicht zu einer integrierten Verantwortungsperspektive aus und orientiert sich an der Betroffenheit einer Anspruchsgruppe. Es werden also jene Anspruchsgruppen als relevant betrachtet, die von der Wertschöpfung einer Organisation in irgendeiner Form betroffen sind (positiv oder negativ). Im oben erwähnten Beispiel von Investitionen in Umweltmassnahmen würde eine nach diesem Konzept handelnde Unternehmensleitung also überprüfen, welche Anspruchsgruppen wie stark betroffen sind: Die direkten Anwohnerinnen und Anwohner würden entsprechend als eine zentrale Anspruchsgruppe definiert, deren Anliegen es zu berücksichtigen gilt. Daraus würde dann quasi im Dialog mit allen relevanten Stakeholdern eine Lösung gesucht. Der Fokus dieses Ansatzes liegt somit auf der Betroffenheit.

6.4 Rückbezug auf integratives Management

Dieses Buch beginnt mit der Feststellung, dass es für die Bewältigung von Managementaufgaben Beiträge verschiedener Funktionen respektive betriebswirtschaftlicher Subdisziplinen braucht (s. Kap. 1.4). Fragestellungen des Managements zeichnen sich häufig dadurch aus, dass sie funktionsübergreifend sind. Der Einbezug unterschiedlicher Funktionen oder Disziplinen erfordert ein integratives Management innerhalb einer Organisation. Gleiches gilt allerdings auch im Bezug nach aussen, zu den Anspruchsgruppen der verschiedenen Umweltsphären einer Organisation, wie dies in diesem letzten Kapitel gezeigt wird. Für das Überleben und den Erfolg eines Unternehmens in seiner Umwelt ist es erforderlich, dass eine Organisation unterschiedliche Anspruchsgruppen mit ihren Anliegen integriert. Integratives Management nach innen und aussen ist damit eine wesentliche Voraussetzung für das Funktionieren und den Bestand eines Unternehmens.

Zur Sicherstellung einer integrativen Sicht sind verschiedene wissenschaftliche Zugänge und unterschiedliche praktische Methoden denkbar (s. Kap. 1.4). Gemein ist allen Ansätzen integrativen Managements, dass dies entlang mehrerer Integrationsdimensionen geschehen muss. In der folgenden Auflistung werden mögliche Integrationsperspektiven in Bezug zu den Kapiteln des vorliegenden Buches gesetzt:

- *Integration nach aussen* (vgl. Kap. 6): Integration der oft widersprüchlichen Interessen verschiedener Anspruchsgruppen. Der Zusammenhalt dieser Anspruchsgruppen ist Voraussetzung für das Bestehen von Organisationen. Beim Umgang mit Anspruchsgruppen sind unterschiedliche ethische Zugänge möglich.
- *Integration nach innen* (vgl. Kap. 4 und Kap. 5): Integration über verschiedene Funktionen und Organisationseinheiten innerhalb des Unternehmens. Die Ordnungsmomente Governance, Struktur und Kultur bieten hier Anknüpfungspunkte für die Integration, welche von Führungskräften geleistet werden muss.
- *Integration über die Zeit* (vgl. Kap. 3): Integration des kurz- und langfristigen Horizonts der Unternehmensführung, das heisst Umgang mit dem Konflikt zwischen kurzfristigem Erfolg und langfristiger Sicherung der Existenz- und Erfolgsfähigkeit. Die verschiedenen Planungsdimensionen (operative, strategische, normative Ebene), das Ordnungsmoment Strategie und die unterschiedlichen Entwicklungsmodi bieten dafür Erklärungs- und Handlungsansätze.
- *Integration innerhalb des Managements* (vgl. Kap. 2): Integration von Spannungsfeldern innerhalb von Managementaufgaben und

Führungsteams mittels verschiedener Entscheidungsmethoden, Kommunikationsplattformen und Reflexionsinstrumenten. Zur wirkungsvollen Umsetzung der Integration nach innen, nach aussen und über die Zeit muss das Management seine Fähigkeiten und Instrumente der Kommunikation, Moderation und Entscheidungsfindung laufend weiterentwickeln.

Bei der Integration können in jeder der angesprochenen Dimensionen Spannungsfelder und Zielkonflikte auftreten. So stellt sich bei der Innensicht auf Integration die Frage, welche Funktion oder Abteilung Priorität geniesst. Dominiert bei der Entwicklung eines neuen Produktes die Kostensicht, der Kundenwert oder die Umweltgerechtigkeit? Es geht auch um die Frage, in welche Funktionsbereiche in Zukunft mehr investiert werden soll. Bei solchen Investitionsentscheiden geht es im Sinne einer zeitlichen Integrationsperspektive um die Frage, welche Ziele höher zu gewichten sind: Sichere, kurzfristige operative Erträge und Renditen, oder längerfristige, strategische, aber unsichere Entwicklungspotentiale. Bei der Aussensicht auf Integration ergeben sich in Anbetracht der Ansprüche verschiedener Stakeholder und Umweltsphären Konflikte darüber, wer welche Nutzen geniesst und Lasten zu tragen hat. Die Bearbeitung dieser Spannungsfelder erfordert einen Dialog. Es geht letztlich um Folgendes:

- Das Finden einer sachgerechten Lösung, die das Überleben der Organisation in und mit ihrer Umwelt ermöglicht (vgl. Kap. 6.2).
- Das Finden einer Lösung, die von den Betroffenen als fair oder angemessen akzeptiert wird, die auch einer externen Beurteilung standhält und in Bezug auf Resultat und Prozess als gerecht empfunden wird (vgl. Kap. 2.6).

Dabei ist beim Umgang mit Spannungsfeldern der verschiedenen Integrationsdimensionen dem Umstand Rechnung zu tragen, dass es vielfach nicht objektiv richtige oder falsche Lösungen gibt und dass sich oft erst im Nachhinein zeigt, welche Alternative optimal gewesen wäre. Es ist deshalb notwendig, stets auch andere Standpunkte zu prüfen, die eigenen Kenntnisse, Vorgehensweisen und Haltungen kritisch zu reflektieren und so mit einer gewissen Demut und Selbstreflexion an Entscheide heranzugehen. Integratives Management erfordert daher zur Bearbeitung der Spannungsfelder nicht nur Fach-, sondern auch Sozial- und Selbstkompetenzen. Es braucht reflektierte Fach- und Führungskräfte, die bereit sind, sich, ihre Handlungen und deren Wirkungen auf die Umwelt kritisch zu hinterfragen.

Kapitel 6: Kernpunkte

- Die Existenz und der Fortbestand von Unternehmen ist aus der Sicht der verschiedenen «Theories of the Firm» durch die optimale Betriebsgrösse, minimale Transaktionskosten, geeignete Ressourcenausstattung, den Zusammenhalt der Anspruchsgruppen oder einen ausreichenden Kundenwert begründbar.
- Für das Verhältnis mit den Anspruchsgruppen und Umwelten gibt es zwei grundsätzliche Haltungen: Das strategische und das normativ-ethische Stakeholder-Konzept.
- Integratives Management erfolgt über verschiedenen Dimensionen: nach innen über die verschiedenen Funktionen und Bereiche einer Organisation, nach aussen über die verschiedenen Anspruchsgruppen und Umweltsphären, zeitlich über die verschiedenen Fristigkeiten und Entwicklungsmodi. Damit dies gelingt, muss auch eine kontinuierliche Integration von (neuen) Fähigkeiten und Instrumenten innerhalb des Managements selbst stattfinden.

Abbildungsverzeichnis

Literaturverzeichnis

Aldrich, H., & Herker, D. (1977). Boundary Spanning Roles and Organization Structure. *Academy of Management Review, 2* (2), 217–230.

Alich, H., & Büsser, H. (2017). Das diskrete Immobilienreich der Grisards. *Handelszeitung*. Abgerufen von https://www.handelszeitung.ch/unternehmen/hiag-das-diskrete-immobilienreich-der-grisards

Ansoff, H. I. (1987). *Corporate Strategy*. London: Penguin Books.

Arcot, S., & Bruno, V. (2006). In Letter But Not in Spirit: An Analysis of Corporate Governance in the UK. *SSRN*, 1–73.

Ashby, W. R. (1985). *An Introduction to Cybernetics*. New York: Wiley.

Auer, A.-K. (2016). *Heuristische Entscheidungen in Gruppen bei der Personalauswahl.* Georg-August-Universität, Göttingen.

Barney, J. (1991). Firm Resources and Sustained Competitive Advantage. *Journal of Management, 17* (1), 99-120.

Bartlett, C. A., & Ghoshal, S. (1994). Changing the Role of Top Management: Beyond Strategy to Purpose. *Harvard Business Review, 72* (6), 79.

Bass, B. M. (1999). Two Decades of Research and Development in Transformational Leadership. *European Journal of Work and Organizational Psychology, 8* (1), 9–32.

BCG. (2020). What is the Growth Share Matrix. Abgerufen von https://www.bcg.com/about/our-history/growth-share-matrix

Beer, S. (1959). *Cybernetics and Management*. London: John Wiley.

Belz, C., & Bieger, T. (2000). *Dienstleistungskompetenz und innovative Geschäftsmodelle*. St. Gallen: Thexis.

Benediktinerabtei Ettal. (2017). Regula Benedicti, Kapitel 3, Die Einberufung der Brüder zum Rat. Abgerufen von http://benediktiner.benediktiner.de/index.php/gemeinschaft-unter-regel-und-abt/einberufung-der-brueder-zum-rat.html

Bennett, N., & Lemoine, G. J. (2014). What a Difference a Word Makes: Understanding Threats to Performance in a VUCA World. *Business Horizons, 57* (3), 311–317.

Bieger, T. (2010). *Tourismuslehre. Ein Grundriss* (3. Aufl.). Bern: UTB Haupt.

Bieger, T. (2019). *Das Marketingkonzept im St. Galler Management-Modell* (3. Aufl.). Bern: UTB Haupt.

Bieger, T., Dilger, B., Zellweger, T., Heer, S., Klumbies, A., Kuster, S., Mitterer, D., & Palm, T. (2021). Integratives Management – Stand und

Perspektiven für Management und Managementausbildung: Universität St. Gallen.

Bieger, T., Pechlaner, H., Liebrich, A., & Beritelli, P. (2004). Kompetenzmanagement in virtuellen Dienstleistungsunternehmen. In S. A. Friedrich von den Eichen, H. H. Hinterhuber, K. Matzler, & H. K. Stahl (Hrsg.), *Entwicklungslinien des Kompetenzmanagements* (S. 291–308). Wiesbaden: Gabler Verlag Springer Fachmedien.

Bieger T., & Reinhold S. (2011). Das wertbasierte Geschäftsmodell – Ein aktualisierter Strukturierungsansatz. In: T. Bieger, D. zu Knyphausen-Aufseß, & C. Krys (Hrsg.), *Innovative Geschäftsmodelle* (S. 13–70). Berlin: Springer.

Bierhoff, H.-W., & Rohmann, E. (2011). *Justice in Performance Situations: Compromise Between Equity and Equality.* Berlin: Springer.

Binder, A. (2020). *Einführung in das Wirtschaftsrecht. Band II: Gesellschaftsrecht* (6. Aufl.). St. Gallen: Studytools.

Blake, R., & Mouton, J. (1964). *The Managerial Grid: The Key to Leadership Excellence.* Houston: Gulf Publishing.

Bleicher, K. (1991). *Das Konzept Integriertes Management.* Frankfurt: Campus.

Böckli, P. (2000). Corporate Governance auf Schnellstrassen und Holzwegen. *ST, 74*, 133.

Borcherding, K. (1983). Entscheidungstheorie und Entscheidungshilfeverfahren für komplexe Entscheidungssituationen. In M. Irle (Hrsg.), *Methoden und Anwendungen in der Marktpsychologie* (S. 64–173). Göttingen: Hogrefe.

Borgelt, C., & Kruse, R. (1998). Attributauswahlmaße für die Induktion von Entscheidungsbäumen: Ein Überblick *Beiträge zur Wirtschaftsinformatik* (S. 77–98): Physica-Verlag.

Bourdieu, P. (1972). *Outline of a Theory of Practice* (R. Nice, Übers.). Cambridge: University Press.

Burns, J. M. (1978). *Leadership*. New York: Harper & Row.

Chandler, A. D. (1962). *Strategy and Structure: Chapters in the History of the American Industrial Enterprise.* Cambridge: MIT Press.

Chandler, A. D. (1978). *The Visible Hand: The Managerial Revolution in American Business* (2. Aufl.). Cambridge: Harvard University Press.

Chandler, A. D. (1992). What Is a Firm? A Historical Perspective. *European Economic Review, 36* (2), 483–492.

Christensen, C. M. (1997). *The Innovator's Dilemma. When New Technologies Cause Great Firms to Fail.* Harvard: HBS Press.

Coase, R. H. (1937). The Nature of the Firm. *Economica, 4* (16), 386–405.

Cohen, M. D., March, J. G., & Olsen, J. P. (1972). A Garbage Can Model of Organizational Choice. *Administrative Science Quarterly, 17* (1), 1–25.

Deal, T. E., & Kennedy, A. A. (2000). *Corporate Cultures*. Cambridge: Perseus.

Deci, E. L., & Ryan, R. M. (1985). *Intrinsic Motivation and Self-Determinantion in Human Behavior*. New York: University of Rochester.

Deitel, P. J. (2012). *Internet and World Wide Web. How to Program*. Boston: Pearson.

Drucker, P. F. (1954). *The Practice of Management*. New York: Harper & Row.

Drucker, P. F. (1973). *Management: Tasks, Responsibilities, Practices*. New York: Harper & Row.

Drucker, P. F. (1993). *Concept of the Corporation*. New Jersey: Transaction Publishers.

Dubs, R., Euler, D., & Rüegg-Stürm, J. (2004). *Einführung in die Managementlehre* (2. Aufl.): Haupt.

Economiesuisse. (2016). Swiss Code of Best Practice for Corporate Governance.

Eisenring, C. (2016). Air Berlin vor einer Schrumpfkur. *Neue Zürcher Zeitung*. Abgerufen von https://www.nzz.ch/wirtschaft/unternehmen/hochdefizitaere-airline-air-berlin-vor-einer-schrumpfkur-ld.118877

Ellis, A. (2004). *Dienstleistungsmanagement: Erfolgreicher Einsatz von prozessorientiertem Service Level Management*. Heidelberg: Springer.

Fasciati, R., & Bieger, T. (2007). Wahrgenommene Preisfairness – Ansatzpunkte für eine segmentspezifische Marktbearbeitung. *Marketing Review St. Gallen* (24), 45–50.

Felin, T., & Zenger, T. (2016). Strategy Problems and a Theory for the Firm. *Organization Science, 27* (1), 222–231.

Flughafen Zürich AG. (2019). Zahlen und Fakten.

Flughafen Zürich AG. (2020). Flughafengeschichte. Abgerufen von https://www.flughafen-zuerich.ch/unternehmen/flughafen-zuerich-ag/flughafengeschichte

Forstmoster, P. (2003). Monistische oder dualistische Unternehmensverfassung? Das Schweizer Konzept. *Zeitschrift für Unternehmens- und Gesellschaftsrecht (ZGR), 32* (5-6), 688–719.

Franz, C., Bieger, T., & Herrmann, A. (2017). *Evolving Business Models: How CEOs Transform Traditional Companies*. Cham: Springer International Publishing.

Freeman, R. E. (1984). *Strategic Management: A Stakeholder Approach.* Cambridge: University Press.

Gäfgen, G. (1968). *Theorie der wirtschaftlichen Entscheidung: Untersuchungen zur Logik und ökonomischen Bedeutung des rationalen Handelns.* Tübingen: Mohr.

Gassmann, O., Frankenberger, K., & Csik, M. (2014). *The Busiess Model Navigator*. Harlow: Pearson Education.

Gauch, S. (2018). *Grundlage und Bedeutung der Business Judgement Rule in der Schweiz.* Zürich: Dike Verlag AG.

Geberit AG. (2021). Einladung zur Generalversammlung. Abgerufen von https://www.geberit.com/files/generalversammlung/geberit-gv-einladung-2021-de.pdf

Gerber, R., & Stebler, W. (2014). Zusammenarbeit zwischen interner und externer Revision. *PwC Disclose* (Juni).

Giddens, A. (1986). *The Constitution of Society: Outline of the Theory of Structuration.* Cambridge: Polity Press.

Gordon, R. A., & Howell, J. E. (1959). *Higher Education for Business.* New York: Columbia University Press.

Grichnik, D., Brettel, M., Koropp, C., & Mauer, R. (2017). *Entrepreneurship: Unternehmerisches Denken, Entscheiden und Handeln in innovativen und technologieorientierten Unternehmen* (2. Aufl.). Stuttgart: Schäffer-Poeschel.

Grichnik, D., Koropp, C., Brettel, M., & Maurer, R. (2017). *Entrepreneurship: Unternehmerisches Denken, Entscheiden und Handeln in innovativen und technologieorientierten Unternehmen* (2. Aufl.). Stuttgart: Schäffer-Poeschel.

Gulati, R. (2007). Tent Poles, Tribalism, and Boundary Spanning: The Rigor-Relevance Debate in Management Research. *The Academy of Management Journal, 50* (4), 775–782.

Habershon, N. (1993). Metaplan: Achieving Two-Way Communications. *Journal of European Industrial Training, 17* (7).

Hack, A. (2011). *Monetäre Anreizgestaltung in Gründungsunternehmen.* Wiesbaden: Gabler Verlag.

Hamel, G., & Prahalad, C. K. (1994). *Competing for the Future.* Harvard: HBR Press.

Heinen, E. (1968). *Einführung in die Betriebswirtschaftslehre.* Wiesbaden: Gabler Verlag.

Hersey, P., & Blanchard, K. H. (1969). *Management of Organizational Behavior.* Englewood Cliffs: Prentice-Hall.

Herzberg, F. (1968). One More Time: How Do You Motivate Employees? *Harvard Business Review, 46* (1), 53–62.

Hiag Immobilien Holding AG. (2020). Strategie und Geschäftsmodell. Abgerufen von https://www.hiag.com/de/ueber-uns/strategie-und-geschaeftsmodell/

Hill, C. W., & Jones, T. M. (1992). Stakeholder-Agency Theory. *Journal of Management Studies, 29* (2), 131–154.

Hofstede, G. (2001). *Culture's Consequences: Comparing Values, Behaviors, Institutions and Organizations Across Nations.* Thousand Oaks, Calif: SAGE Publications.

Hofstede Insights. (2020). Compare Countries. Abgerufen von https://www.hofstede-insights.com/product/compare-countries/

Holmstrom, B. (1982). Moral Hazard in Teams. *The Bell Journal of Economics, 13* (2), 324–340.

Hörrmann, G., & Tiby, C. (1990). Projektmanagement richtig gemacht. In Arthur D. Little (Hrsg.), *Management der Hochleistungsorganisation* (S. 73–91). Wiesbaden: Gabler.

Hüfner, D. (2020, 5.2.2020). Die neuen Geschäftszahlen von N26 sind ein Schock für jeden Banker. *Businessinsider.* Abgerufen von https://www.businessinsider.de/gruenderszene/fintech/n26-neue-geschaeftszahlen-smartphone-bank/

Infras. (2011). Volkswirtschaftliche Bedeutung der Zivilluftfahrt in der Schweiz. Zürich: Bundesamt für Zivilluftfahrt (BAZL) und Aerosuisse.

Iseli, M. (2017). Diese Schweizer Firma überrundet Adidas und Nike. *Handelsblatt.* Abgerufen von https://www.handelszeitung.ch/unternehmen/diese-schweizer-firma-ueberrundet-adidas-und-nike-1408214

Jacka, J. M., & Keller, P. J. (2009). *Business Process Mapping: Improving Customer Satisfaction.* New Jersey: John Wiley & Sons.

Janis, I. L. (1982). *Groupthink: Psychological Studies of Policy Decisions and Fiascoes* (2. Aufl.). Boston: Houghton Mifflin.

Jorion, P. (1996). Risk^2: Measuring the Risk in Value at Risk. *Financial Analysts Journal, 52* (6), 47–56.

Jungfraubahn Holding AG. (2017). Leitbild der Jungfraubahnen. Abgerufen von https://www.jungfrau.ch/de-ch/unternehmen/jungfraubahn-holding-ag/allianz-jungfrau-top-of-europe/leitbild/

Jungfraubahn Holding AG. (2020). Code of Conduct. Abgerufen von https://www.jungfrau.ch/de-ch/unternehmen/jungfraubahn-holding-ag/allianz-jungfrau-top-of-europe/code-of-conduct/

Jungfraubahn Holding AG. (2021). Eiger-Express. Abgerufen von https://www.jungfrau.ch/de-ch/eiger-express/

Kaplan, R. S., & Norton, D. P. (1992). The Balanced Scorecard – Measures That Drive Performance. *Harvard Business Review, 70* (1), 71–79.

Kaspar, C. (1996). *Die Tourismuslehre im Grundriss* (5. Aufl.). Bern: Haupt.

Kolmar, M. (2017). *Grundlagen der Mikroökonomik. Ein integrativer Ansatz.* Wiesbaden: Springer Gabler.

Kotler, P., & Keller, K. L. (2006). *Marketing Management* (12. Aufl.). Upper Saddle River: Prentice-Hall.

Krackhardt, D., & Hanson, J. R. (1993). Informal Networks: The Company Behind the Chart. *Harvard Business Review, 71* (4), 104–111.

Kreutzer, M., & Lechner, C. (2009). Implementierung von Strategien: Bestandsaufnahme und Ausblick. *Organisationsentwicklung – Zeitschrift für Unternehmensentwicklung und Change Management, 28* (1).

Krneta, G. (2005). *Praxiskommentar Verwaltungsrat. Ein Handbuch für Veraltungsräte* (2. Aufl.). Bern: Stämpfli Verlag AG.

Kühn, R. (1985). Marketing-Instrumente zwischen Selbstverständlichkeit und Wettbewerbsvorteil: Das Dominanz-Standard-Modell. Ein Ansatz zur wirkungsbezogenen Gewichtung der Instrumente des Marketing-Mix. *Thexis, 2* (4), 16–21.

Kuhn, T. S. (1969). *Die Struktur wissenschaftlicher Revolutionen.* Frankfurt am Main: Suhrkamp.

Laan, T., Wittmer, A., Gross, M., Barth, E., & Moll, S. (2010). Wirkungsmodell SBB. Dokumentation. Bern: Schweizerische Bundesbahnen.

Laux, H., Gillenkirch, R. M., & Schenk-Mathes, H. Y. (2018). *Entscheidungstheorie* (10. Aufl.). Berlin: Springer.

Lawrence, P., & Lorsch, J. (1967). Differentiation and Integration in Complex Organizations. *Administrative Science Quarterly, 12,* 1–30.

Levina, N., & Vaast, E. (2005). The Emergence of Boundary Spanning Competence in Practice: Implications for Implementation and Use of Information Systems. *MIS Quarterly, 29* (2), 335–363.

Lindblom, C. E. (1959). The Science of Muddling Through. *Public Administrative Review, 19* (2), 79–88.

Lindemann, H. (2019). *Konstruktivismus, Systemtheorie und praktisches Handeln: Eine Einführung für pädagogische, psychologische, soziale, gesellschaftliche und betriebliche Handlungsfelder.* Göttingen: Vandenhoeck & Ruprecht.

Lipton, M. (1985). The Prisoners' Dilemma and Coase's Theorem: A Case for Democracy in Less Developed Countries? In R. C. O. Matthews

(Hrsg.), *Economy and Democracy* (S. 49–109). London: Palgrave Macmillan.

Lipton, M. (1996). Demystifying the Development of an Organizational Vision. *MIT Sloan Management Review, 37* (4), 83.

Luhmann, N. (2002). *Einführung in die Systemtheorie.* Heidelberg: Carl-Auer.

Lynn, L. E. (1996). *Public Management as Art, Science, and Profession.* New Jersey: Chatham House.

Manella, J. (2003). *Der relationale Mensch.* Zürich: Verlag Industrielle Organisation.

Maslow, A. H. (1943). A Theory of Human Motivation. *Psychological Review, 50* (4), 370–396.

Mazzucato, M. (2018). *The Value of Everything: Making and Taking in the Global Economy.* London: Allen Lane.

McChrystal, S. (2011). It Takes a Network: The New Front Line of Modern Warfare. *Foreign Policy* (March/April).

McGregor, D. (1960). *The human side of enterprise.* New York: McGraw-Hill.

Meadows, D. H., Meadows, D. L., Randers, J., & Behrens, W. W. (1972). *The Limits to Growth.* New York: Universe Books.

Mintzberg, H. (1978). Patterns in Strategy Formation. *Management Science, 24* (9), 934–948.

Mintzberg, H. (1991). *Mintzberg über Management: Führung und Organisation, Mythos und Realität.* Wiesbaden: Springer Gabler.

Mintzberg, H., Raisinghani, D., & Théorêt, A. (1976). The Structure of 'Unstructured' Decision Processes. *Administrative Science Quarterly, 21* (2), 246–275.

Molenaar, D.-M., Bosch, F., Guggenheim, J., Jhunjhunwala, P., Loh, H.-H., & Wade, B. (2020). The Post-COVID-19 Flight Plan for Airlines. *BCG Publications.* Abgerufen von https://www.bcg.com/publications/2020/post-covid-airline-industry-strategy

Müller, G. V. (2015). Die Laufschuhe von On haben es weit gebracht. *Neue Zürcher Zeitung.* Abgerufen von https://www.nzz.ch/wirtschaft/unternehmen/die-laufschuhe-von-on-haben-es-weit-gebracht-1.18582977

Müller, R. (1982). *Krisenmanagement in der Unternehmung. Vorgehen, Maßnahmen und Organisation.* Frankfurt am Main: Kölner Schriften zur Betriebswirtschaft und Organisation.

Müller, R. (2007). Funktionendiagramm der Mustergesellschaft AG in Zürich. In G. V. Müller, L. Lipp, & A. Plüss (Hrsg.), *Der Verwaltungsrat* (3. Aufl.). Zürich: Schulthess.

Müller, R., Lipp, L., & Plüss, A. (2014). *Der Verwaltungsrat: Ein Handbuch für die Praxis* (4. Aufl.). Zürich: Schulthess.

Nagel, R. (2007). *Lust auf Strategie*. Stuttgart: Klett-Cotta.

Nagel, R., & Wimmer, R. (2002). *Systemische Strategieentwicklung. Modelle und Instrumente für Berater und Entscheider*. Stuttgart: Schäffer-Poeschel.

Nash, J. F. (1950). *Non-Cooperative Games*. (Dissertation), Princeton University, New Jersey.

Nickerson, J., & Argyres, N. (2018). Strategizing Before Strategic Decision Making. *Strategy Science, 3* (4), 556–682.

Österle, H. (1995). *Business Engineering*. Heidelberg: Springer.

Osterloh, M., & Frost, J. (1996). *Prozessmanagement als Kernkompetenz. Wie Sie Business Reengineering strategisch nutzen können*. Wiesbaden: Springer Gabler.

Palmatier, R. W., Kumar, V., & Harmeling, C. M. (2018). *Customer Engagement Marketing*. Cham: Springer International Publishing.

Pearce, J. A., & David, F. (1987). Corporate Mission Statements: The Bottom Line. *Academy of Management Perspectives, 1* (2), 109–115.

Penrose, E. (1959). *The Theory of the Growth of the Firm*. New York: John Wiley and Sons.

Pierson, F. C. (1959). *The Education of American Businessmen: A Study of University-College Programs in Business Administration*. New York: McGraw-Hill.

Porter, M. E. (1979). How Competitive Forces Shape Strategy. *Harvard Business Review, 57* (2), 137.

Porter, M. E. (1985). *The Competitive Advantage: Creating and Sustaining Superior Performance*. New York: Free Press.

Prahalad, C. K., & Hamel, G. (1990). The Core Competence of the Corporation. *Harvard Business Review, 68* (3), 79–91.

Probst, G., & Gomez, P. (1991). *Vernetztes Denken: Ganzheitliches Führen in der Praxis*. Wiesbaden: Springer Gabler.

Rawls, J. (1971). A Theory of Justice.

Rehkugler, H., & Schindel, V. (1990). *Entscheidungstheorie. Erklärung und Gestaltung betrieblicher Entscheidungen* (5. Aufl.). München: VVF.

Roberto, V., Stehle, B., & Wildhaber, I. (2020). *Wirtschaftsrecht. Band I: Vertragsrecht* (6. Aufl.). St. Gallen: Studytools.

Robinson, J. (2019). What Millenials Want Is Good for Your Business. Abgerufen von https://www.gallup.com/workplace/248009/millennials-good-business.aspx

Rüegg-Stürm, J. (2003). *Das neue St. Galler Management-Modell: Grundkategorien einer integrierten Managementlehre. Der HSG-Ansatz* (2. Aufl.). Bern: Haupt.

Rüegg-Stürm, J., & Grand, S. (2017). *Das St. Galler Management-Modell. Wissenschaftliche Grundlagen und Praxisbeispiele* (3. Aufl.). Bern: Haupt.

Rüegg-Stürm, J., & Grand, S. (2020). *Das St. Galler Management-Modell. Management in einer komplexen Welt* (2. Aufl.). Bern: UTB Haupt.

Rumelt, R. P. (2011). *Good Strategy, Bad Strategy: The Difference and Why It Matters*. New York: Crown Business.

Ruschmann, D. (2018). Haben die Schweizer jetzt auch die Sneakers erfunden? *Welt*. Abgerufen von https://www.welt.de/wirtschaft/article173982131/Sportschuhmarke-On-So-wurden-die-Schweizer-erfolgreich.html

Russell, J. S., Hawthorne, J., & Buchak, L. (2014). Groupthink. *Philosophical Studies, 172* (5), 1287-1309.

Schein, E. H. (1985). *Organizational Culture and Leadership*. San Francisco: Jossey-Bass.

Schieffer, A., Isaacs, D., & Gyllenpalm, B. (2004). The World Café. *World Business Academy, Transformation, 18* (8).

Schmeisser, W., Bretz, M., & Keßler, J. (2004). *Handbuch Krisen- und Insolvenzmanagement: Wie mittelständische Unternehmen die Wende schaffen*. Stuttgart: Schäffer-Poeschel.

Schräder, A. (2000). *Netzeffekte in Transport und Tourismus*. (Dissertation), Universität St. Gallen, Bern: Haupt.

Schulz von Thun, F. (1981). *Miteinander reden*. Reinbek bei Hamburg: Rowohlt.

Schumpeter, J. A. (1911). *Theorie der wirtschaftlichen Entwicklung*. Graz.

Schürer, A. (2017). Jeden Tag wollen mehr Flieger kommen, als es der Platz zulässt. *Neue Zürcher Zeitung*. Abgerufen von https://www.nzz.ch/zuerich/im-kontrollturm-der-flugsicherung-skyguide-in-zuerich-jeden-tag-wollen-mehr-flieger-kommen-als-es-der-platz-zulaesst-ld.13037

Schwaninger, M. (1988). *Anwendung der integralen Unternehmungsentwicklung: Beurteilung von Konzept und Methodik anhand einer Pilotstudie* (Bd. 4). Bern: Haupt.

Schwarzkopf, H. N. (1993). *It Doesn't Take a Hero: The Autobiography of General Norman Schwarzkopf*. New York: Bantam Books.

Schweizer Armee. (2017). *Grundschulung 17 (Reglement 51.019).* Bern: VBS.

Selznick, P. (1957). *Leadership in Administration: A Sociological Interpretation.* New York: Harper & Row.

Simon, H. A. (1947). *Administrative Behavior: A Study of Decision-Making Processes in Administrative Organization.* New York: Macmillan.

Slater, S. F. (1997). Developing a Customer Value-Based Theory of the Firm. *Journal of the Academy of Marketing Science, 25* (2), 162–167.

Spee, A. P., & Jarzabkowski, P. (2009). Strategy Tools as Boundary Objects. *Strategic Organization, 7* (2).

Stogdill, R. M. (1950). Leadership, Membership and Organization. *Psychological Bulletin, 47* (1), 1-14.

Tannenbaum, R., & Schmidt, W. H. (1958). How to Choose a Leadership Pattern. *Harvard Business Review, 36.*

Teece, D. J., Pisano, G., & Shuen, A. (1998). Dynamic Capabilities and Strategic Management. *Strategic Management Journal, 18* (7), 509–533.

Thibaut, J., Walker, L., LaTour, S., & Houlden, P. (1974). Procedural Justice as Fairness. *Symposium on Law and Psychology, 26* (6), 1271–1289.

Thommen, J.-P., Achleitner, A.-K., Gilbert, D. U., Hachmeister, D., & Kaiser, G. (2017). *Allgemeine Betriebswirtschaftslehre: Umfassende Einführung aus managementorientierter Sicht* (8. Aufl.). Wiesbaden: Springer Fachmedien.

Thommen, J.-P., & Siepermann, M. (2018). Heuristik. Abgerufen von https://wirtschaftslexikon.gabler.de/definition/heuristik-34474/version-257976

Tushman, M. L., & O'Reilly, C. A. (1996). Ambidextrous Organizations: Managing Evolutionary and Revolutionary Change. *California Management Review, 38* (4), 8–30.

Ulrich, H. (1968). *Die Unternehmung als produktives soziales System: Grundlagen der allgemeinen Unternehmungslehre.* Bern: Haupt.

Ulrich, H., & Krieg, W. (1972). *Das St. Galler Management-Modell.* Bern: Haupt.

Ulrich, H., Krieg, W., & Malik, F. (1976). *Zum Praxisbezug einer systemorientierten Betriebswirtschaftslehre.* Bern: Haupt.

Ulrich, P. (1997). *Integrative Wirtschaftsethik: Grundlagen einer lebensdienlichen Ökonomie.* Bern: Haupt.

Universität St. Gallen. (2017). HSG Roadmap 2025. Abgerufen von https://www.unisg.ch/de/universitaet/ueber-uns/vision/hsg-roadmap-2025

UVEK. (2010). Zukunft der nationalen Infrastrukturnetze in der Schweiz. Bern: Eidgenössisches Departement für Umwelt, Verkehr, Energie und Kommunikation.

Vahs, D. (1997). *Organisation: Einführung in die Organisationstheorie und -praxis*. Stuttgart: Schäffer-Poeschel.

Varinska, D. (2019). Jahresbericht. Trin: Stiftung Bergwaldprojekt.

Vester, F. (1968). *Bausteine der Zukunft*. Frankfurt: Fischer.

Viu Ventures AG. (2021). Services. Abgerufen von https://shopviu.com/de_ch/services

von Foerster, H. (1993). *Wissen und Gewissen*. Berlin: Suhrkamp.

Vroom, V. H. (1967). *Work and Motivation* (3. Aufl.). New York: John Wiley.

Weinert, A. B. (2004). *Organisations- und Personalpsychologie* (5. Aufl.). Weinheim: Beltz.

Wellman, A., & Zelms, R. (1995). Balkendiagramm. *Professionelles Zeitmanagement*. Wiesbaden: Gabler.

Wiedmann, M., & Kirchgeorg, M. (2018). Messe-Erfolg durch Live-Communication Atmosphäre: Analyse von Besucher-Journeys einer Publikumsmesse. *St. Gallen Marketing-Review* (1), 50–58.

Williamson, O. E. (1975). *The Economic Institutions of Capitalism: Firms, Markets, Relational Contracting*. New York: Free Press.

Zipperling, M. (2012). Das deutsche Modell der Corporate Governance im Vergleich zum monistischen System und zur SE. In J. Grundei & P. Zaumseil (Hrsg.), *Der Aufsichtsrat im System der Corporate Governance* (S. 27–55). Wiesbaden: Gabler Verlag.

Stichwortverzeichnis